人体目标检测与识别方法及应用

李小霞　周颖玥　王学渊　王顺利　著

科学出版社

北　京

内 容 简 介

本书针对人体目标检测与识别的技术要求，以传统的统计模式识别方法和最新的深度学习方法为主线，主要包括目标检测与识别的现状、人脸检测与识别、人体疲劳状态监测、快速行人检测、手指静脉识别和人脸表情识别等内容，全书特色鲜明、内容系统、实例丰富，力求从实用的角度为读者呈现视觉目标检测与识别的方法创新、技术实现、实验验证和应用开发的完整流程。

本书适合相关专业本科高年级学生、研究生、广大模式识别与计算机视觉爱好者，以及从事视觉检测与识别技术研发的科研人员和高新技术企业研发人员阅读，为其提供学习与工作上的技术参考。

图书在版编目(CIP)数据

人体目标检测与识别方法及应用 / 李小霞等著. —北京：科学出版社，2021.10（2023.2 重印）

ISBN 978-7-03-069219-1

Ⅰ.①人… Ⅱ.①李… Ⅲ.①人体–目标检测②人体–图像识别 Ⅳ.①TP391.413

中国版本图书馆 CIP 数据核字（2021）第 113398 号

责任编辑：候若男 / 责任校对：彭 映
责任印制：罗 科 / 封面设计：墨创文化

科 学 出 版 社 出版

北京东黄城根北街16号
邮政编码：100717
http://www.sciencep.com

成都锦瑞印刷有限责任公司印刷
科学出版社发行 各地新华书店经销

*

2021 年 10 月第 一 版　　开本：787×1092 1/16
2023 年 2 月第二次印刷　　印张：11 1/4
字数：267 000

定价：108.00 元

（如有印装质量问题，我社负责调换）

前　　言

近年来，随着人工智能的深入发展，视觉检测与识别技术越来越显示出其独特的价值。基于视觉的人体目标检测与识别因其具有非接触性、隐蔽性、易于理解以及图像采集设备成本低等优点，成为模式识别和计算机视觉领域的研究热点和前沿课题。

人体属于非刚体，其姿态千差万别，其外观、尺度、视角、所处背景环境不同以及光照、遮挡的影响，导致人体目标检测与识别具有较大难度。目前，有关人体目标检测与识别的方法及应用的书籍多属于研究型，且知识体系较为分散。本书是笔者团队在多年模式识别与计算机视觉研究工作和教学实践基础上归纳、提炼和创新而形成的具有应用特色的专著。本书从创新应用的角度，结合社会实际需求，采用统计模式识别和深度学习方法对人体目标检测与识别的技术方法和应用经验进行总结，能够对视觉检测与识别相关领域的设计和应用提供一些技术方面的参考。

本书由西南科技大学模式识别与计算机视觉研究团队师生根据团队的研究成果并参阅相关资料著成。本团队聚焦视觉检测与识别领域，在教学科研方面具有丰富的经验，具备产学研密切结合的优良传统。全书共分为七章，由李小霞教授构建整体框架，并进行统一补充、修改和定稿工作。研究团队的师生共同参与了书稿资料的整理工作。

第一章主要是目标检测和识别方法概述，分别从传统的和基于卷积神经网络的角度进行综述，使读者可以了解目标检测和识别的研究现状，由王学渊副教授、张颖、肖娟和陈禹伶等主导完成。

第二章主要介绍了基于统计特征的人体目标检测方法，包括基于肤色的尺度自适应人脸检测、人体疲劳状态监测方法、基于稀疏表示的两级级联快速行人检测，由王顺利、刘慧、张宇、唐浩等主导完成。

第三章主要介绍了基于统计特征的人体目标识别方法，包括基于稀疏表示的静态人脸识别、基于主动红外视频的活体人脸识别，由周颖玥、陈菁菁、吕念祖、叶远征和封睿等主导完成。

第四章主要介绍了基于深度学习的人体目标检测方法，包括研究背景与意义、基于深度学习的人体目标检测研究历史、常用公开目标检测数据库、基于深度学习的目标检测模型简介、基于 MS+KCF 的快速人脸检测，由李小霞、彭帆和叶远征等主导完成。

第五章主要介绍了基于深度学习的人体目标识别方法，包括基于深度学习的人脸表情识别和行人重识别、基于多尺度核特征卷积神经网络的实时人脸表情识别，由王学渊、刘晓蓉、孙维、何金洋、王剑云和李旻择等主导完成。

第六章主要介绍了深度学习平台，包括深度学习框架和平台搭建，由王顺利、张颖、李旻择、顾书豪和陈禹伶等主导完成。

第七章主要为综合应用与分析，包括近红外活体人脸检测系统、人体疲劳状态监测系统和智能情绪监控辅助驾驶系统，由周颖玥、李旻择、肖娟、秦昌辉、张宇和叶远征等主导完成。

在此对团队成员的辛勤工作表示感谢。本书得到了四川迈实通科技有限责任公司和成都折衍科技有限公司等单位科技人员的帮助和支持，在此也一并感谢。

人体目标检测与识别技术涉及面广，受笔者水平所限，在书稿的组织和编写过程中难免有不当之处，敬请各位读者批评指正。笔者邮箱：lixiaoxia@swust.edu.cn。希望以此书为交流的平台，与各位读者建立联系，促进视觉目标检测与识别关键技术的进步。

李小霞

2021 年 4 月

目　　录

第一章　目标检测和识别方法概论 ·· 1

1.1　目标检测方法国内外研究现状 ··· 1

1.1.1　传统的目标检测方法研究现状 ···································· 1

1.1.2　基于卷积神经网络的目标检测方法研究现状 ························ 2

1.2　目标识别方法国内外研究现状 ··· 4

1.2.1　传统的目标识别方法研究现状 ···································· 4

1.2.2　基于卷积神经网络的目标识别方法研究现状 ························ 5

1.3　目标检测和识别应用前景 ··· 5

第二章　基于统计特征的人体目标检测方法 ································· 7

2.1　基于肤色的尺度自适应人脸检测 ······································· 7

2.1.1　视频图像预处理 ·· 7

2.1.2　人脸检测算法 ·· 9

2.1.3　基于人脸肤色统计的坐姿监测 ··································· 17

2.2　人体疲劳状态监测方法 ·· 19

2.2.1　基于融合边缘的打哈欠判别 ····································· 20

2.2.2　人眼与瞳孔检测及闭眼判别 ····································· 26

2.2.3　辅助驾驶系统中头部状态与疲劳监测 ····························· 29

2.2.4　实验结果与分析 ·· 35

2.3　基于稀疏表示的两级级联快速行人检测 ································· 38

2.3.1　HOG 特征和 V_edge_sym 特征 ································· 39

2.3.2　第一级分类算法 ·· 43

2.3.3　第二级分类算法 ·· 44

2.3.4　实验结果与分析 ·· 48

第三章　基于统计特征的人体目标识别方法 ································ 53

3.1　基于稀疏表示的静态人脸识别 ·· 53

3.1.1　基于稀疏表示的人脸识别方法的基本原理 ························· 53

3.1.2　基于 GLC-KSVD 的稀疏表示人脸识别算法 ······················ 54

3.1.3　融合特征结合子模字典学习的稀疏表示人脸识别算法 ················ 62

3.2　基于主动红外视频的活体人脸识别 ···································· 69

3.2.1　系统概述 ··· 69

3.2.2　迭代二次帧差模型 ·· 70

3.2.3　PCA 预训练特征模型 ·· 72

　　　3.2.4　最近邻余弦相似度分类器 ···73

　　　3.2.5　实验结果及分析 ···73

第四章　基于深度学习的人体目标检测方法 ··79

　4.1　研究背景与意义 ··79

　4.2　基于深度学习的人体目标检测研究历史 ····································80

　4.3　常用公开目标检测数据库 ··82

　4.4　基于深度学习的目标检测模型简介 ···82

　　　4.4.1　人工神经网络算法原理 ··83

　　　4.4.2　卷积神经网络基础 ···86

　　　4.4.3　基于回归的目标检测 ···89

　　　4.4.4　基于候选区域的目标检测 ···91

　4.5　基于 MS+KCF 的快速人脸检测 ···95

　　　4.5.1　系统总体流程 ···96

　　　4.5.2　MobileNet-SSD 网络相关原理 ···96

　　　4.5.3　KCF 算法原理 ··102

　　　4.5.4　实验结果及分析 ···103

第五章　基于深度学习的人体目标识别方法 ··108

　5.1　基于深度学习的人脸表情识别 ··108

　　　5.1.1　一种基于深度学习的人脸表情识别算法 ·····························108

　　　5.1.2　人脸身份保持表情不变性特征研究 ·····································114

　5.2　基于多尺度核特征卷积神经网络的实时人脸表情识别 ···············119

　　　5.2.1　实时人脸表情识别系统概述 ··120

　　　5.2.2　快速稳定的人脸检测 ···120

　　　5.2.3　多尺度核特征人脸表情识别网络 ··122

　　　5.2.4　实验结果及分析 ···125

　5.3　基于深度学习的行人重识别 ···129

　　　5.3.1　行人重识别概述 ···129

　　　5.3.2　结合全局与局部特征的行人重识别方法 ·····························133

第六章　深度学习平台 ··145

　6.1　深度学习框架 ··145

　　　6.1.1　Caffe 框架 ···145

　　　6.1.2　TensorFlow 框架 ··145

　　　6.1.3　MXNet 框架 ··145

　　　6.1.4　Keras 框架 ··146

　6.2　深度学习平台搭建 ··146

　　　6.2.1　Ubuntu16.04(U 盘引导安装) ···146

　　　6.2.2　安装搜狗拼音 ···147

　　　6.2.3　安装 NVIDIA 驱动 ···147

    6.2.4　安装 CUDA9.0+cuDNN7.1.4+Tensorflow1.8.0+Python3.5 ················ 149

    6.2.5　安装 PyCharm+配置 Python3.5+安装 OpenCV3.2 ························ 153

第七章　综合应用与分析 ··· 156

  7.1　近红外活体人脸检测系统 ··· 156

    7.1.1　系统平台搭建 ··· 156

    7.1.2　系统运行过程 ··· 157

    7.1.3　系统测试结果 ··· 157

  7.2　人体疲劳状态监测系统 ··· 157

    7.2.1　系统平台搭建 ··· 158

    7.2.2　系统运行过程 ··· 158

    7.2.3　系统测试结果 ··· 158

  7.3　智能情绪监控辅助驾驶系统 ··· 159

    7.3.1　系统平台搭建 ··· 160

    7.3.2　系统运行过程 ··· 161

    7.3.3　系统测试结果 ··· 161

参考文献 ··· 164

第一章 目标检测和识别方法概论

1.1 目标检测方法国内外研究现状

1.1.1 传统的目标检测方法研究现状

传统的目标检测方法首先需要人工选择特征,如 Haar 特征、局部二值模式(local binary pattern, LBP)、尺度不变特征变换(scale-invariant feature transform, SIFT)和方向梯度直方图(histogram of oriented gradient, HOG)及协方差矩阵(covariance matrix, CM)等;然后对目标进行分类,常用的分类器有自适应增强(adaptive boosting, AdaBoost)和支持向量机(support vector machine, SVM)等。

Haar 特征最初由 Papageorgiou 等(1998)提出,随后 Viola 和 Jones(2001)提出利用积分图来提高 Haar 特征的运算速度的方法,并通过构建级联分类器,从而实现快速精确的人脸定位。之后,Lienhart 和 Maydt 等(2002)在 Haar 特征库中加入旋转 45° 的矩形特征,用于扩展特征的多样性,进一步提高检测的精确度。LBP 特征由 Ojala 等(2002)提出,用于提取图像的局部纹理特征。它具有旋转和灰度不变性,对于人脸检测简单且有效,其改进算法局部三值模式(local ternary pattern, LTP)、改进中心对称二值模式(improved center symmetric local binary pattern, ICS-LBP)等(Yeffet and Wolf, 2009; Zheng et al., 2010)在行人检测中被广泛应用。SIFT 特征由 Lowe(2004)提出,SIFT 特征是具有尺度不变性的局部特征描述算子,对光照、噪声等具有良好的鲁棒性,应用于基于特征点匹配的目标检测中,对于部分遮挡的目标物体也具有较好的检出率。由于 SIFT 特征良好的效果,派生出许多类似的特征算子,如 FAST、BRISK、ORB 和 FREAK 等(Trajković and Hedley, 1998; Leutenegger et al., 2011; Rublee et al., 2011; Ortiz et al., 2012)。HOG 特征由 Dalal 和 Triggs(2005)提出,现被广泛应用于行人检测领域,该特征用于描述目标物体的边缘梯度信息,能够很好地表达目标物体的特征。CM 描述子由 Tuzel 等(2006)提出,最先用于物体的识别和纹理分类。CM 特征将区域内梯度的方向、强度、位置等有效信息之间的相关性,以编码的形式融入协方差矩阵中,因此适合具有复杂结构的目标的检测。Tuzel 等(2008)指定对称正定的 CM 描述子对应的特征空间为黎曼流形(Riemannian manifold),并将黎曼流形映射到切平面上进行线性分类,此种方法可被应用于人体的检测,在法国国家信息与自动化研究所数据集(Laptev et al., 2008)上,比较之前的 HOG 方法,具有较低的漏检率。

综上所述,用于目标检测的单一的特征还有很多,但单一的特征并不能完全地表达出所检测目标的信息,许多研究者采用多种特征融合的方式,来提高目标检测的性能。Nanni 和 Lumini(2008)分别针对 LBP 特征、Gabor 特征以及拉普拉斯特征图训练出不同分类器,进行决策级融合，提高了目标检测的检出率。Wojek 等 (2009) 对 HOG 特征、Haar 特征以及光流 HOG 特征进行特征级融合，获得了较高的检测效果。

AdaBoost 分类器是传统的目标检测方法常用的分类器，由 Schapire 等 (1998) 提出，最初是基于 Haar-like 特征设计的，随后研究人员用 AdaBoost 结合其他特征，如 APCF (associated pairing comparison features，联合块比较特征值提取) 法、积分通道以及多特征等 (Duan et al.，2009；Dollar et al.，2009；黄如锦 等，2010)，取得更好的分类效果，如 MPLBoost (Viola et al.，2005)，DadaBoost (Gao et al.，2012) 等。

SVM 分类器是目前应用最广泛的分类器之一，由 Cortes 和 Vapnik 在 1995 年首次提出。它的优势在于可解决小样本、非线性、高维度的模式分类问题，和神经网络类似，都是学习性的机制。其不仅广泛应用于传统的目标检测方法，而且用于基于深度学习的目标检测中。其中具有代表性的是 Felzenszwalb 等 (2010a) 提出的基于 HOG 的变形组件模型 (deformable parts model，DPM) 目标检测算法，利用 SVM 作为分类器，连续获得 2007～2009 年 PASCAL VOC (Everingham，2006) 目标检测竞赛第一名。

传统的目标检测方法都具有以下特点：①需要人工选择特征，其过程复杂，目标检测效果的优劣完全取决于研究人员的先验知识；②以窗口遍历图像的方式检测目标，在检测过程中有很多冗余窗口，时间复杂度高，并且对图像序列中尺度较小、遮挡较为严重、角度变化较大的目标检测效果欠佳；③时间复杂度较低，参数较少，因此在系统中消耗的内存较少，便于与深度学习的方法相结合，能高效地完成所需功能的程序的开发，如活体检测、降低参数维度和分类器级联等功能。

1.1.2　基于卷积神经网络的目标检测方法研究现状

近年来，深度学习在目标检测领域中取得巨大突破，成为目前较先进的方法，LeCun 等 (2014) 提出第一个卷积神经网络 (convolutional neural network，CNN) 模型——LeNet-5 (2014)，其参数共享机制解决了神经网络参数过多及训练不足问题。Hinton 和 Salakhutdinov (2006) 在 *Science* 上率先提出深度学习的概念，2015 年又在 *Nature* 上阐述了深度学习的前世今生 (LeCun et al.，2015)，引领了机器视觉、模式识别和人工智能等领域的发展 (Silver et al.，2017；Athalye et al.，2018)。2012～2017 年 VGGNet (Simonyan and Zisserman，2015)、ResNet (He et al.，2016)、DenseNet (Huang G et al.，2017) 等最具有代表性的基础网络相继出现，在 ImageNet 竞赛 (Deng et al.，2009) 中取得了极好的分类效果。

CNN 在目标检测上的标志性成果是 Girshick 等在 2015 年提出的 R-CNN (region-based CNN) 网络，在 VOC 数据集上 (Everingham et al.，2015) 测试的平均精度是 DPM 算法的两倍。此后基于 CNN 的目标检测方法占有主导地位，主要分为两大类：①基于候选区域 (region proposal，RP) 的方法，代表作是 SPP-net (He et al.，2015b)、Fast R-CNN (Girshick，2015)、Faster R-CNN (Ren et al.，2017)、R-FCN (Dai et al.，2016) 和 Mask R-CNN (He et al.，2017) 等；②基于回归的方法，代表作是 YOLO (you only look once) (Redmon et al.，2016) 和 SSD (single shot multibox detector) (Liu et al.，2016；Wong et al.，2018) 等。

2015 年 He 等提出的 SPP-net 网络利用空间金字塔的池化解决 RP 缩放的问题，且只需要一次特征提取过程，比 R-CNN 快 24～102 倍，但训练烦琐，且检测效果不好。2015年 Girshick 等提出的 Fast R-CNN 网络将多任务的损失函数联合在一起，提高了检测精度，检测速度比 R-CNN 快 213 倍，但这是一个不完全端对端的方法，仍不满足实时性。2017年 Ren 等提出的 Faster R-CNN 是完全端对端的训练，用 RPN（region proposal network）网络结构代替了选择性搜索等方法，全卷积的 RPN 和 Fast R-CNN 网络交替训练，实现卷积特征共享，也使得两个网络快速收敛，具有更高的检测精度，在 Tesla k40 上的检测速度为 5～17 帧/s，缺点是全连接层的计算不共享，重复计算成本较高。2017 年 He 提出的 Mask R-CNN 在 Faster R-CNN 的基础上增加了一个用于实例分割任务的 Mask 网络，集目标检测与分割为一体，多任务的损失函数使训练更加简单，且具有关键点检测功能，提高了检测的精度，但其速度还无法满足高性能实时性应用场合的需求。Redmon 等（2016）提出使用 YOLO 网络同时进行分类和定位，在 Titan X 上可达 45 帧/s，但是对小、密集和形变较大的目标召回率较低，原因在于其没有选择 RP 的过程，是以牺牲精度来提升网络速度的。

　　Dai 等（2016）提出的 R-FCN 网络解决了分类任务要求平移不变性和定位任务要求平移可变性的矛盾，用共享计算的全卷积取代了不共享计算的全连接层，提高了检测速度，是一个简单、精确、有效的目标检测的框架。Liu 等（2016）提出的单阶段多框目标检测器（single shot multibox detector，SDD）网络是一个回归网络，用单一的网络进行多任务的预测，在 Titan X 上测试速度为 59 帧/s，并且结合在不同层次的卷积特征图，具有较高的检测精度。He 等（2017）提出 FPN 算法，利用 CNN 的高低层特征图的语义关系，将特征图由底到顶和由顶到底加性结合，形成特征图金字塔，具有较高的分类精度。在 2018 年的 CVPR（Computer Vision and Pattern Recognition，计算机视觉与模式识别）会议上，Zhang S 等（2018）在 SSD 算法的基础上添加分割模块和全局激活模块提高了低层和高层卷积特征图的语义信息，兼顾了目标检测精度和速度。Redmon 和 Farhadi（2018）提出 YOLOv3 算法，在 YOLO 的基础上，利用三个不同层次的特征图，经过多次 DBL 模块后相级联得到三个尺度的预测层，再结合多尺度的候选区域框，不但增加了特征图的维度，加强了特征的语义信息，而且提高了对目标细节信息的表达能力，对于非显著目标具有较高的检测精度和速度。以上网络具有两个共同的优点：①利用多任务的损失函数形成端对端的网络结构，加快了训练时参数的学习速度，提高了测试的精度；②使用不同层次的卷积特征图用于提高检测精度。较浅的卷积层的感受野较小，学习局部区域的特征，具有丰富的空间信息，满足定位任务需要的平移可变性；较深的卷积层，其感受野较大，学习更加抽象的特征，具有充足的语义信息，对目标在图像中的位置具有鲁棒性，满足分类任务需要的平移不变性。以上两个优点对现实环境中小尺度、遮挡较为严重和角度变化较大的目标物体的检测具有较高的检测精度和速度。

　　在基于 CNN 的目标检测方法中，用于提取特征图的网络被称为基础网络（如 VGG、ResNet 等），而用于分类回归和边界框回归的结构被称为元结构（如 Faster R-CNN、R-FCN、SSD 等）。因此，不同的基础网络和元结构的组合具有不同的检测效果，Huang J 等（2017）详细阐述了元结构的检测精度与速度之间折中的方法。Howard 等（2017）提出的基础网络 MobileNet 以牺牲少量的分类精度换取大量的参数减少，其参数数量仅是 VGG16 的 1/33，而且在 ImageNet 的分类正确率比 VGG16 高 0.1%。为了兼顾检测速度和精度，若将

MobileNet 等参数少、层次深的基础网络与兼具分类平移不变性和定位平移可变性的元结构相结合，极有可能同时提高目标物体的检测速度和精度。

1.2　目标识别方法国内外研究现状

1.2.1　传统的目标识别方法研究现状

随着计算机视觉的发展，目标检测和识别技术的应用越来越广泛，是近年来研究热点课题之一。现有的目标识别方法可分为两类：基于滑动窗口的目标识别方法和基于描述子的目标识别方法。

1. 基于滑动窗口的目标识别方法

Freund 和 Schapire(1996)提出了 AdaBoosting 方法，该方法是一种具有开创意义的滑动窗口目标识别方法。它的基本原理是训练若干弱分类器，将这些弱分类器组合生成强分类器。

Felzenszwalb 等(2010b)提出了多尺度形变部件模型(deformable part model，DPM)，该方法由全局图像生成全局模板，再分解目标对象构建多个子模板，由各个模板之间的联系作为目标的相似性度量，该算法在非刚体对象上识别效果较好。

Ojala 等(1996)提出 LBP 特征，该特征是一种用于描述图像局部特征的描述子，像素的 LBP 值表示图像的局部纹理特征。LBP 特征需要结合其他算法对目标进行识别。

Dalal 和 Triggs(2005)提出 HOG 特征，该特征将目标图像按给定大小区域进行划分，统计各个区域内的像素梯度值构成梯度直方图。在检测目标对象时，滑动窗口内的梯度直方图与模板进行比对生成图像的目标响应。该算法常结合支持向量机算法用于行人检测。

2. 基于描述子的目标识别方法

Lowe(2003)提出了 SIFT 特征，该算法通过构建高斯金字塔，在尺度空间中寻找特征点，对特征点邻域内像素进行梯度计算，按照给定的采样模式确定特征点方向并构建特征点的 128 维向量。

Xu 和 Namit(2008)提出了 SURF(speeded up robust features)特征，该算法通过盒式滤波器和积分图计算海森矩阵来寻找特征点，统计特征点邻域内的 Haar 小波特征值构建特征点的 64 维向量。由于 SURF 特征避免了尺度空间的大量计算，在计算速度上相对于 SIFT 特征具有显著提升。

Calonder 等(2010)提出了 BRIEF(binary robust independent elementary features)特征，该算法的特征点由其他特征点提取算法获得。BRIEF 描述子是一种二进制特征描述子，相对于浮点型特征描述子，该描述子具有匹配速度快、存储空间小的优势，但是其鲁棒性较差。

Rublee 等(2011)提出了 ORB(oriented fast and rotated BRIEF)特征的改进，为特征描述子增加了主方向，使算法具有了旋转不变性，且算法改进了二进制采样模式，相对于 SIFT、SURF 算法计算速度显著加快且鲁棒性也相对较好。

Sturm 等(2012)提出了 LINE2D 特征,该算法将图像划分为若干邻域,计算各个邻域内梯度主方向形成二进制串作为匹配算子。该算法由于不能充分地描述目标信息从而造成目标信息的大量丢失,导致算法鲁棒性较差。

Tombari 等(2013)提出了 BOLD(bunch of lines descriptor)特征,该算法利用 LSD(line segment detector,线段检测)算法获得一系列线段,选取线段中点作为特征点通过 KNN(k-nearest neighbors)算法对线段集进行筛选,最后通过计算任意两线段之间的角元构建描述子。

1.2.2　基于卷积神经网络的目标识别方法研究现状

近几年,深度学习成为计算机视觉领域最热门的话题,而卷积神经网络是深度学习的代表算法之一。目标识别技术是指将某一个类别的目标,从其他类别目标区分出来的过程,广泛应用于安全监控、自动驾驶、人脸识别等领域。

Chen 和 Wang(2015)提出了将深度学习的思想应用在 SAR(synthetic aperture radar,合成孔径雷达)图像上实现目标识别的方法,利用无监督稀疏自动编码器对随机采样的图像块进行训练,代替传统的反向传播算法。在卷积层和池化层之后,输入的 SAR 图像被转换成特征图,并用特征图训练 softmax 分类器,最后在 MSTAR 数据集上进行实验取得了良好的效果。

Lin 等(2016)提出了一种基于深度学习的交通标志识别方法,取代过度依赖图像形态学、分割和各种图像特征提取的传统识别方法。通过卷积神经网络来提取图像特征,然后使用支持向量机(support vector machine,SVM)对图像特征进行识别。实验表明该方法具有较强的鲁棒性,可以在复杂环境下正常工作。

ResNet 是 ILSVRC2015 的冠军,由微软研究院的 He 等(2015a)提出。他们使用残差网的结构成功训练出了 152 层深的神经网络,参数量却比 VGGNet 低。He 等通过实验证实了退化问题的存在:随着神经网络层数的增加,准确率会达到饱和,然后迅速减少。这并非由过拟合所导致,因为训练集的错误率也在上升。使用残差结构使训练深层网络成为可能。

InceptionNet 是 2014 年 ILSVRC(ImageNet Large Scale Visual Recognition Challenge,大规模视觉识别挑战赛)的冠军,由谷歌开发(Szegedy et al.,2014)。Szegedy 等提出的 Inception 模块提高了参数的利用率并且将最后的全连接层改为平均池化层,有效减少了参数量,减轻了过拟合。

YOLO 算法是 2016 年 CVPR 会议上提出的目标识别算法(Redmon et al.,2016)。传统的目标识别需要对一张图片的许多不同区域使用检测模型,将分数最高的区域作为检测结果。YOLO 则将整张图片输入到神经网络中,网络会将图片划分成不同区域,并在每一个区域预测多个边界框的位置和概率。

1.3　目标检测和识别应用前景

目标检测是计算机视觉应用的首要任务,也是后续场景识别和理解等任务的基础。随着人工智能时代的到来，消费者对智能产品的认可和追求，市场行业对高新技术的需求，导致目前各个领域的企业投入大量的人力、物力、财力进行产业技术的研发与更新。计算机视觉技术是高新技术中最具有代表性与实用性的技术之一，具有广阔的应用前景，如智能视频监控、自动驾驶、智能家居、医学图像辅助诊断和治疗、无人机导航、遥感遥测和国防军事等。在智能监控方面，计算机视觉技术可应用于各种场合的防盗报警，重要场合的非法闯入监控以及海关、卡口等多目标的检测与识别；在无人驾驶方面，可应用于自动汽车驾驶、搜救无人机和机器人自主导航等；在智能医疗方面，可应用于疾病检测及诊断和生物特征识别。

随着各种基于视觉信息的智能产品的快速普及和布局，图像序列中显著目标的检测得到了广泛和深入的研究。然而，对于具有遮挡较为严重、密集、占比小以及样本对抗性等特点的动态非显著目标的检测仍然是一种富有挑战性的技术，已成为机器视觉走向实际应用的瓶颈，还存在一些关键技术亟待突破。

(1)防欺诈性问题。在人体生物特征等识别的应用中，现有的算法不仅能检测出活体，而且能检测出具有活体特征的其他物体，这使得一些保密性较高的应用面临着照片、视频的欺诈，一些不法分子试图利用照片、提前录制的视频等对抗性样本来获取系统的认可，从而进行犯罪活动，造成了极大的损失。

(2)快速性问题。由于现实环境中昼夜光照的变化，以及雨、雾、雪等自然天气现象的干扰，背景通常比较复杂，以及非目标物干扰、目标密集、监测距离远等因素的影响，目标经常出现遮挡、尺度和角度的变化，导致目标检测算法的复杂度增加。需要人工选择特征的浅层的传统目标检测方法已不能满足应用需求，深度学习能够自适应地学习有价值的特征信息，但深度学习的网络参数庞大，训练和在线学习不具有实时性，而且深度学习正向无人机和手机端等嵌入式设备快速发展，硬件资源的限制也大大降低了检测的速度，因此迫切需要研究目标检测的快速算法。

(3)稳定性问题。对于图像序列中小尺度、遮挡和角度变化的目标，由于缺失具体的颜色、纹理和形状信息，目标信噪比或显著性大幅下降，一般的检测算法容易出现目标严重漏检的问题，影响算法的稳定性。

第二章 基于统计特征的人体目标检测方法

2.1 基于肤色的尺度自适应人脸检测

2.1 节以基于人脸肤色统计的坐姿监测为例进行讨论，在使用基于肤色的人脸检测的基础上提出了单目标的尺度自适应的人脸检测方法。该方法能自适应地调节检测窗口的变化范围，最终使得检测速度和效率得到提高。根据检测出的人脸框规划出左、中、右肤色判别区域，然后通过对比这三个区域的肤色与正确姿态下的情况，来判别坐姿靠左还是靠右；通过统计对比当前与正确姿态下的人脸框内的肤色面积来判断靠前还是靠后。

将肤色作为提高人脸检测精度的要素，在灰度图像中，提取图像的 Haar-like 特征，通过 AdaBoost 级联分类器来检测出人脸，然后对检测出来的人脸做进一步筛选，流程图如图 2.1 所示。

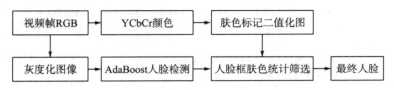

图 2.1 基于肤色的人脸检测流程图

2.1.1 视频图像预处理

在人脸检测中，首先需要将 RGB 图像转换成灰度图像，其次对所获取的视频序列图像从 RGB 转换到 YCbCr 颜色空间以构建肤色椭圆模型，再根据肤色模型绘制二值化图像区分近肤色与非肤色区域，最后对相应的检测区域做肤色统计。

1. 图像的灰度化

将三通道的 RGB 彩色视频帧转换成单通道的灰度序列帧，可减小图像处理运算量，从而提高执行效率，并且能为基于 Haar-like+AdaBoost 分类器的人脸检测和边缘检测等算法奠定基础。RGB 图像的灰度化公式为

$$\text{Gray}(x,y) = 0.299 \times R(x,y) + 0.587 \times G(x,y) + 0.114 \times B(x,y) \tag{2-1}$$

式中，(x, y) 为图像中对应的像素坐标；$R(x,y)$、$G(x,y)$、$B(x,y)$ 分别为 RGB 图像中像素点 (x, y) 对应的三个通道。RGB 图像灰度化效果如图 2.2 所示。

(a) RGB图像　　　　　　　　　　　　　　　　(b) 灰度图

图 2.2　RGB 灰度化效果图

2. YCbCr 颜色空间及肤色椭圆模型

1) YCbCr 颜色空间

YCbCr 特指 CCITT601 规定的数字化后的颜色空间格式,在该规定中,RGB 与 YCbCr 之间的转换范围是:亮度值 Y 的范围为 16~235;色度值 Cb、Cr 的范围为 16~240。RGB 模型与 YCbCr 色彩空间的转换关系为

$$\begin{bmatrix} Y \\ Cb \\ Cr \end{bmatrix} = \begin{bmatrix} 0.257 & 0.564 & 0.098 \\ -0.148 & -0.291 & 0.439 \\ 0.439 & -0.368 & 0.071 \end{bmatrix} \cdot \begin{bmatrix} R \\ G \\ B \end{bmatrix} + \begin{bmatrix} 16 \\ 128 \\ 128 \end{bmatrix} \tag{2-2}$$

式中,Y、Cb、Cr 分别为亮度、蓝色色度和红色色度的三个分量。RGB 图像转化为 YCbCr 颜色空间的混合图像如图 2.3 所示。

(a) RGB图像　　　　　　　　　　　　　　　　(b) YCbCr图像

图 2.3　RGB 图像转化为 YCbCr 色彩空间的混合图像

　　YCbCr 颜色空间的色度分量独立于亮度信息,且将 RGB 图像转换到 YCbCr 颜色空间只运用其色度分量,因此 YCbCr 颜色空间对光照的影响有着比较好的抑制效果。

2) YCbCr 颜色空间的肤色椭圆模型

　　不同种族人的肤色的区别主要在于亮度不同,而其色度差别不大(Yang and Waibel, 1996)。Hsu 等(2002)研究发现,皮肤的颜色在 YCbCr 颜色空间上都集中在一个固定的区域,在 Cb 分量与 Cr 分量构成的 Cb-Cr 平面上投影出一个近似于椭圆的区域,并且其聚类特性表现良好。高建坡等(2007)搜集了 600 张含有肤色的图像。这些图像主要是不同种族的人在不同环境下的脸部图像，被人工剪切成约 18.3 万个肤色样本。他也发现这些样本通过 YCbCr 颜色空间转换之后，在 *Cb-Cr* 平面上的分布在一个近似的椭圆区域内。本书通过参考文献（Kovac et al.，2003）中的参数构建出 YCbCr 颜色空间的肤色椭圆模型，如图 2.4 所示。

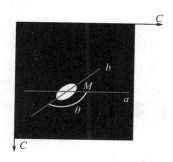

图 2.4　YCbCr 颜色空间的肤色椭圆模型

图 2.4 中，M 表示椭圆的中心，θ 为长轴与水平方向的夹角。这里 $M=(109.38, 152.02)$，$\theta=(2.53 / \pi)\times180° \approx 145°$，长轴 $a=25.39$，短轴 $b=14.03$。根据此椭圆模型，若视频图像的某像素点位置不在 *Cb-Cr* 平面的椭圆内，则将该像素值置 0，反之则保留。

3）肤色标记与统计

统计肤色面积只需要标记出肤色的二值化图像，如图 2.5（c）所示，其中高亮区域代表肤色。

(a) 原图　　　　　　　　(b) 肤色　　　　　　　　(c) 肤色标记

图 2.5　肤色椭圆模型的肤色检测效果图

从图 2.5 中可以看出，除了一些接近于肤色的干扰背景，通过 YCbCr 颜色空间的肤色椭圆模型标记得到的肤色图像的效果表现良好。

2.1.2　人脸检测算法

对于 RGB 彩色视频源而言，可以基于 Haar-like 特征和 AdaBoost 人脸检测方法运用人脸的肤色占比来进一步判断人脸框中是不是真正的人脸，以此降低人脸检测的误检率。对于一直处于离镜头较近位置的主要目标，可以由图像中所检测出的最大检测窗口来确定。因此，本节提出了检测窗口的尺度自适应单目标人脸检测法，该方法基于最大单目标的人脸检测，结合 AdaBoost 人脸检测过程中前一帧中所检测的单个目标的尺寸，自适应地调节当前帧中检测窗口的变化范围。

1. Haar-like 特征与 AdaBoost 算法

1）Haar-like 特征

Haar-like 特征利用 Haar 小波变换对人脸图像的局部特征进行描述。在此基础上将矩形进行 45°的旋转，对 Haar 特征进行了扩展，扩展后的 Haar-like 特征共有 4 类：8 个线性特征（line feature）、4 个边缘特征（edge feature）、2 个中心环绕特征（center-surround feature）和 1 个对角线特征（diagonal feature），如图 2.6 所示。

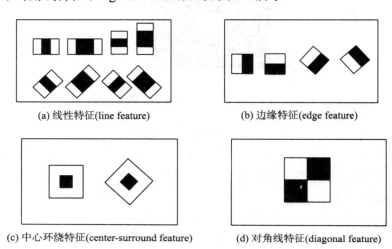

(a) 线性特征(line feature)   (b) 边缘特征(edge feature)

(c) 中心环绕特征(center-surround feature)   (d) 对角线特征(diagonal feature)

图 2.6   扩展后的 Haar-like 特征模板

在检测图像子窗口时，通过改变特征模板的大小和位置，可以得到大量的矩形特征，并能计算出每个矩形特征的特征值。每一个特征值反映的是矩形特征区域图像的灰度变化情况，如在人的脸部图像上鼻梁一般比其两侧区域亮，脸颊所在区域比眼睛所在区域亮，嘴巴区域比其周围区域暗。

该特征计算简单、提取速度快，具有尺度不变性。但是，由于检测窗口内矩形特征是非常密集的，而且所要用到的数量很多，因此带来了大量的重复计算。为了解决这一问题又提出了一种能快速计算 Haar 特征的积分图法（Viola and Jones，2001）。其主要思想是：先计算出从起点到各个点所构成的矩形区域内像素值之和，从而得到图像对应的积分图。当计算某个区域内的像素值之和时，可以直接由矩形区域的四个顶点坐标所对应的积分图的值进行计算得到，这个过程减少了因矩形区域重合导致的冗余计算，从而可以大大提高计算速度。

如图 2.7 所示，积分图上坐标 $A(x,y)$ 的值是原图中 $(0,0)$ 到 $A(x,y)$ 之间区域的所有像素之和，定义为

$$ii(x,y) = \sum_{x' \leq x, y' \leq y} i(x',y')$$ (2-3)

式中，$ii(x,y)$ 为积分图，$i(x',y')$ 为原始图像像素值。

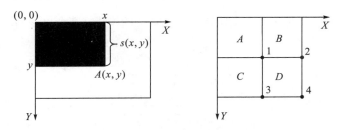

图 2.7　积分图的计算方法

得到积分图 $ii(x, y)$ 后，利用图像中任意矩形区域的顶点所对应积分图的值来计算该区域的像素值之和，如计算图 2.7 中的区域 D 的像素值之和为

$$\text{Sum}(D) = ii(4) + ii(1) - ii(2) - ii(3) \tag{2-4}$$

式中，$ii(1)$、$ii(2)$、$ii(3)$ 和 $ii(4)$ 分别为区域 A、$A+B$、$A+C$ 和 $A+B+C+D$ 的积分图的值之和。图像中任意矩形特征的特征值都可以根据该区域四个顶点所对应积分图中的值计算得到，因此可大幅度地提高计算效率。

2）AdaBoost 算法

在很小的检测窗口中可能会含有很多个矩形特征。例如，在尺寸为 24×24 的检测窗口中，就可能含有约 16 万个矩形特征。如果使用很多的扩展 Haar-like 特征模板，最后得到的 Haar-like 特征空间将会非常大。其中并不是所有的特征空间都有用，这时可以通过 AdaBoost 算法（Freund and Schapire，1995）来筛选出最有效的特征空间。

Adaboost 算法先计算出特征空间中每一种矩形特征所有样本的特征值，由每个样本的第 j 个特征得到一个弱分类器 $h_j(x)$，计算公式为

$$h_j(x) = \begin{cases} 1, & p_j f_j(x) < p_j \theta_j \\ 0, & \text{其他} \end{cases} \tag{2-5}$$

式中，$h_j(x)$ 为第 j 个特征的弱分类器；x 为待检测窗口；p_j 为特征 j 用于决定不等号方向的对偶系数（1 或-1）；$f_j(x)$ 为特征 j 的特征值；θ_j 为分类器阈值。

将计算出的样本特征值进行排序，确定出一个最优的分类阈值 θ_j（分类误差最小），从而得到一个弱分类器，此时记最小错误率为 ε_t。

在训练的过程中，在对样本进行分类的同时要增加被错分样本的权重和减小被正确分类的样本权重（毕雪芹和惠婷，2015；段玉波 等，2014），经过 T 次迭代后，得到 T 个最优的弱分类器 $h_1(x), h_2(x), \cdots, h_T(x)$，然后通过以下方式将这些弱分类器结合起来形成一个强分类器 $C(x)$，计算公式为

$$C(x) = \begin{cases} 1, & \sum_{t=1}^{T} \alpha_t h_t(x) \geqslant \dfrac{1}{2} \sum_{t=1}^{T} \alpha_t \\ 0, & \text{其他} \end{cases} \tag{2-6}$$

式中，$\alpha_t = \log \dfrac{1 - \varepsilon_t}{\varepsilon_t} = -\log \varepsilon_t$，$\dfrac{1}{2} \sum_{t=1}^{T} \alpha_t$ 是所有弱分类器在投票概率相同时，所求的投票结果平均值。

上述方法分别完成了弱分类器的筛选和强分类器的构成，整个算法的流程如图 2.8 所示。

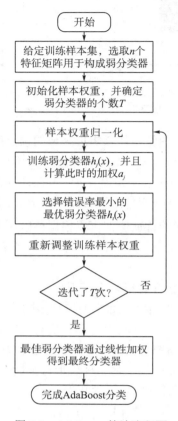

图 2.8 AdaBoost 算法流程图

对于训练检测人脸的分类器而言，刚开始对每一个样本都赋予一个相同的权重(这个权重由样本的个数所决定)，计算出所有弱分类器加权错误率；然后选择错误率最小的分类器作为该次迭代的最优分类器 $h_t(x)$，与此同时再根据错误率重新调整样本的权重，如果某一个样本被分类器 $h_t(x)$ 正确分类，那么在下一次迭代时该样本的权重减小，反之如果被错分则样本的权重就增大；如此经过多次迭代后，从所得到的弱分类器中选择 T 个最优的弱分类器组合成一个强分类器。

以上是对 AdaBoost 分类器的训练，为了进一步提高检测的效率，可以将多个强分类器级联起来形成更强的分类器，图 2.9 所示的是由若干个人脸检测强分类器 $(C_1, C_2, \cdots, C_N)$ 级联所构成的级联分类器检测过程。

在图 2.9 中，虚线框中的若干强分类器构成了一个级联分类器，级联分类器首先使用结构较简单的强分类器快速排除大量的背景窗口，这些分类器只需要保证对目标样本有较高的检测率即可，而后续连接的强分类器需要对背景样本的误检率逐级降低，最终达到检测判别出正确目标的目的。

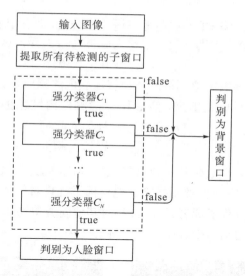

图 2.9　人脸级联分类器检测过程

2. 改进的 AdaBoost 人脸检测算法

1）基于肤色的人脸检测

阮锦新和尹俊勋（2010）基于 AdaBoost 算法提出一种多姿态人脸检测改进算法，先利用肤色特征将大部分背景区域排除掉，然后在留下的肤色区域中寻找眼睛和嘴巴的区域，以此分割出较为正向的人脸候选区域，最后再利用 AdaBoost 算法对分割出来的候选区域进行分类。这种方法能实现快速的多姿态人脸检测，并且对部分遮挡和脸部表情有着较强的鲁棒性。

与其不同的是，本节将肤色作为提高人脸检测精度的要素。在灰度图像中，提取图像的 Haar-like 特征，通过 AdaBoost 级联分类器来检测人脸，然后对检测出来的人脸做进一步筛选。

将彩色图像转换到 YCbCr 色彩空间，利用 YCbCr 颜色空间的肤色椭圆模型标记出图像中的肤色区域，图 2.10 中高亮区域为标记出的肤色效果。

图 2.10　人脸检测框与肤色图示意图

利用计算出的人脸检测框中的肤色面积进一步分析，如果肤色面积大于阈值，则可将该检测框视为人脸检测框，否则认定为误检人脸框而被丢弃。这里阈值 T_{face} 为

$$T_{\text{face}} = H_{\text{face}} \times W_{\text{face}} \times 50\% \tag{2-7}$$

式中，H_{face} 和 W_{face} 分别为人脸检测框的高和宽，肤色的阈值百分比取 50%。首先根据肤色特性，将肤色的像素点标记出来，然后统计检测框内肤色的像素个数 I_{face}（图 2.10）：

$$\begin{cases} I_{\text{face}} \geqslant T_{\text{face}}, & \text{视为人脸框} \\ I_{\text{face}} < T_{\text{face}}, & \text{误检人脸框} \end{cases} \tag{2-8}$$

根据阈值将肤色像素个数条件不符合的人脸检测框丢弃，留下较为准确的人脸检测框。在智能视频监控中，有时候要求排除其他目标干扰只对单个对象进行检测。对于正面的人脸，由于主要目标(操作员或者驾驶员)相对其他同类型物体(其他干扰人员)离摄像头更近，所以在画面中占的比例相对较大，如图 2.11 所示。

(a) 一般的人脸检测结果　　　　　　　　　　(b) 最大单目标人脸检测结果

图 2.11　基于最大目标的人脸检测

图 2.11 (a) 是直接通过 AdaBoost 算法得出的人脸检测效果，此时可通过计算各个人脸检测框大小，最终保留最大的人脸检测框得到主要对象的人脸，如图 2.11 (b) 所示。该方法不仅简单、容易实现，并且在一定程度上能够有效地抑制其他非主要目标的干扰。

2) 检测窗口的尺度自适应单目标人脸检测

在单目标的检测过程中，由于事先不知道目标尺寸，所以检测窗口的大小也不好确定。如果尺寸范围过大则在增加扫描次数的同时会消耗更长的检测时间，如果尺寸过小或者不包括目标的尺寸则会出现漏检。于是，设置两个自适应的阈值 $T_{\min}$ 和 $T_{\max}$ 分别表示滑动窗口所允许的最小值和最大值来确定窗口的变化范围，且这两个值由前一帧中所检测到的目标尺寸决定。

设在视频序列的第 $k-1$ 帧图像中，通过基于最大单目标的人脸检测得到的人脸尺寸大小为 S_{k-1}（由于检测窗口为正方形，所以 S_{k-1} 既可是检测窗口的宽，又可是检测窗口的高，本节取 S_{k-1} 为检测窗口的宽度），那么第 k 帧的尺寸的最小阈值 $T_{\min}$ 和最大阈值 $T_{\max}$ 为

$$T_{\min} = \begin{cases} (1-\alpha) \cdot S_{k-1}, & S_{k-1} > S_{\min} / (1-\alpha) \\ S_{\min}, & S_{k-1} \leqslant S_{\min} / (1-\alpha) \end{cases} \tag{2-9}$$

$$T_{\max} = \begin{cases} (1+\alpha) \cdot S_{k-1}, & S_{k-1} < S_{\max} / (1+\alpha) \\ S_{\max}, & S_{k-1} \geqslant S_{\max} / (1+\alpha) \end{cases} \tag{2-10}$$

式中，α 为比例参数，取值范围为 $(0,1)$；$S_{\min}$ 表示检测窗口在整个视频序列检测过程中允许的最小尺寸（默认为 30×30 个像素点，则 $S_{\min}=30$），$S_{\max}$ 表示检测窗口在整个视频序列检测过程中所允许的最大尺寸，即视频帧图像的最小边（本节中视频图像的大小为 640×480，所以 $S_{\max}=480$）。因此，式 (2-9) 和式 (2-10) 也可表示为

$$T_{\min}=\begin{cases}(1-\alpha)\cdot S_{k-1} & , \quad S_{k-1}>30/(1-\alpha) \\ 30 & , \quad S_{k-1}\leqslant 30/(1-\alpha)\end{cases} \tag{2-11}$$

$$T_{\max}=\begin{cases}(1+\alpha)\cdot S_{k-1} & , \quad S_{k-1}<480/(1+\alpha) \\ 480 & , \quad S_{k-1}\geqslant 480/(1+\alpha)\end{cases} \tag{2-12}$$

根据比例参数 α 和前一帧图像中的最大人脸计算出最小阈值 $T_{\min}$ 和最大阈值 $T_{\max}$，并将滑动窗口的尺寸变化限定在这个范围内，可以有效减少多余检测窗口的扫描，从而提高检测速度。其实现的流程图如图 2.12 所示。

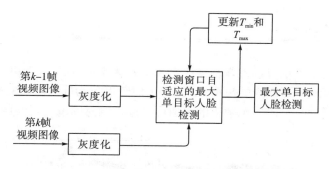

图 2.12　尺度自适应的单目标人脸检测流程图

表 2-1 是非自适应的最大人脸检测（扫描窗体最小尺寸为 30×30）和检测窗口的尺度自适应单目标人脸检测（比例参数 α 分别为 0.1、0.2、0.3 的情况下）对视频第 11 帧到第 30 帧（共 20 帧）做的耗时对比实验。

表 2-1　单目标的尺度自适应和非自适应人脸检测运行时间　　　　　　　　　（单位：ms）

第 k 帧	非自适应	自适应 (α=0.1)	自适应 (α=0.2)	自适应 (α=0.3)
第 11 帧	202	7	9	19
第 12 帧	193	7	10	19
第 13 帧	197	7	12	16
第 14 帧	193	7	11	38
第 15 帧	195	7	12	25
第 16 帧	196	7	11	20
第 17 帧	189	7	10	20
第 18 帧	196	7	11	38
第 19 帧	195	7	11	27
第 20 帧	203	7	11	32

续表

第 k 帧	非自适应	自适应(α=0.1)	自适应(α=0.2)	自适应(α=0.3)
第21帧	189	7	10	17
第22帧	200	7	10	16
第23帧	200	7	11	17
第24帧	210	7	10	17
第25帧	206	6	12	17
第26帧	263	6	12	16
第27帧	205	7	13	16
第28帧	224	6	9	15
第29帧	190	6	9	15
第30帧	193	5	10	15
平均值	201.95	6.7	10.7	20.75

通过表 2-1 的平均值可以发现，在比例系数 α 为 0.1、0.2、0.3 时的自适应人脸检测在速度上明显都要比非自适应的快很多（α=0.1 时速度仅为原来的 3.32%），再通过表 2-1 绘制出非自适应与这几个比例系数下的自适应人脸检测时间消耗折线图，如图 2.13 所示。

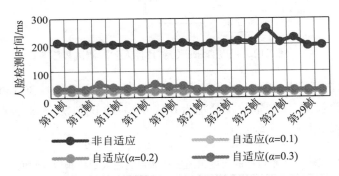

图 2.13　非自适应与部分比例系数下的自适应人脸检测时间消耗折线图

从图 2.13 能更直观地看出尺度自适应人脸检测在单目标检测中的优势，其中检测时间也随着 α 值的增加而增加，α 为 0.1 和 0.2 时检测时间比较平稳，α 为 0.3 时波动相对比较大，并且有时（如第 14、18、20 帧）并不满足实时条件。

在实际过程中，比例系数 α 还反映了允许目标的运动速度，即相邻两帧之间目标大小的变化容忍度，但是如果 α 过小将很可能因为相邻两帧中目标大小变化过大而检测不到目标，α 过大则会增加时间消耗。基于上面的分析，为了尽可能地容忍目标大小的变化速度且使其满足实时性，本节取 α=0.2 作为尺度自适应单目标人脸检测比例参数：

$$T_{\min}=\begin{cases}0.8S_{k-1}, & S_{k-1}>37.5\\30, & S_{k-1}\leqslant37.5\end{cases} \tag{2-13}$$

$$T_{\max} = \begin{cases} 1.2S_{k-1} & , \quad S_{k-1} < 400 \\ 480 & , \quad S_{k-1} \geqslant 400 \end{cases} \tag{2-14}$$

2.1.3　基于人脸肤色统计的坐姿监测

在使用笔记本电脑的过程中，如果使用者长期保持不良的坐姿会出现如驼背和近视等不健康的后果。因此对坐姿的监测与提醒是防止这一后果的有效手段。一般可以通过头部位置的变化来判断人体坐姿，如通过头部可以判断出被监测者靠前还是靠后，靠左还是靠右。本节在 2.1.2 节人脸检测的基础上，结合 YCbCr 颜色空间的肤色模型提出了一种基于人脸肤色统计的坐姿判别方法。

基于人脸肤色统计来对坐姿进行判别，首先根据检测出的人脸框规划出左、中、右三个肤色判别区域；然后通过对比这三个区域的肤色与正确姿态下的情况，来判别坐姿的靠左或靠右；通过统计对比当前与正确姿态下人脸框内的肤色面积来判断坐姿的靠前或靠后。

1. 靠前或靠后的判别

这个步骤主要是获取实时人脸检测框中的人脸肤色面积（face skin color area，FSC-Area），并与基准的 FSC-Area 进行比较，最终判断出人体坐姿为靠前还是靠后。实现框图如图 2.14 所示。

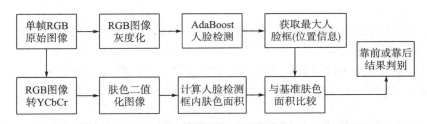

图 2.14　用于人脸肤色统计判别人体坐姿为靠前或靠后的实现框图

在监测的过程中，先计算当前人脸框中的 FSC-Area，再与基准的 FSC-Area 比较，若明显大于基准则视为靠得过近，若明显小于基准则视为离得太远。在保持座位不变的前提下，记基准的 FSC-Area 为 Ar_{basic}（在正确坐姿下，抽取十张图的 FSC-Area 进行平均得到），监测过程中的人脸肤色面积为 Ar_{now}。设当前坐姿与基准（正常）坐姿人脸肤色面积比 C_o 为

$$C_o = \frac{Ar_{\text{now}}}{Ar_{\text{basic}}} \tag{2-15}$$

当靠得过近时，C_o 一定大于 1，当靠得过远时 C_o 也一定小于 1，那么分别设置过前和过后两个阈值（T_{near} 和 T_{far}），构造出判别式为

$$\begin{cases} C_o > T_{\text{near}} & , \quad \text{当前坐姿过近} \\ C_o < T_{\text{far}} & , \quad \text{当前坐姿过远} \\ T_{\text{far}} \leqslant C_o \leqslant T_{\text{near}} & , \quad \text{进入下级判别} \end{cases} \tag{2-16}$$

式中，阈值 T_{near} 越大或 T_{far} 越小，则对应敏感程度就越小。

2. 靠左或靠右的判别

(1)肤色统计模板建立。根据系统语音提示"请调整好坐姿"，此时需要被监测者调整好坐姿，在三秒内肤色人脸框的中垂线和框中肤色面积的变化都不大的情况下说明已经坐正，此时记录下 A、B、C 区域的位置。

图 2.15 中高亮区域为肤色，区域 B 由正确坐姿下的人脸检测框所决定，d_{w}、d_{H} 分别表示人脸框的宽和高。肤色统计模板建立完成后(固定监测区域)开始进入监测状态。

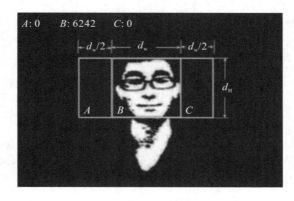

图 2.15　标准状态下的区域肤色图像

(2)左右肤色统计判别。偏左、正确、偏右坐姿情况下的肤色图如图 2.16 所示。其中，每幅图的左上角分别标记了 A、B、C 区域对应的肤色面积，分别用 Ar_{a}、Ar_{b} 和 Ar_{c} 表示。当偏左或者偏右时 B 区域的肤色面积成倍减少，偏左时肤色大部分集中在 C 区域，偏右时肤色大部分集中在 A 区域。

(a) 偏左坐姿　　　　　　　　(b) 正确坐姿　　　　　　　　(c) 偏右坐姿

图 2.16　区域面积统计示意图

将 A、B、C 区域肤色面积构成一个 1×3 维的向量 $A_{abc}=[Ar_{a},Ar_{b},Ar_{c}]$，并建立一个空间矩阵 V 为

$$V = \begin{bmatrix} w_a & 1 & 1 \\ 1 & w_b & 1 \\ 1 & 1 & w_c \end{bmatrix} \tag{2-17}$$

式中，w_a、w_b、w_c 分别表示区域的权重且均大于 1。例如在一定范围内，权值 w_a 越大，表示对区域 A 越敏感（对应偏右坐姿）。根据空间矩阵 V 的转换可以求得当前肤色面积的反映向量 E 为

$$E = A_{abc} \cdot V = [E_0, E_1, E_2] \tag{2-18}$$

式中，E_0、E_1、E_2 分别表示向量 E 对应的数值，通过 E 的值来判断坐姿的状态：

$$I = \arg\max_i(E_i) = \begin{cases} 0, & 坐姿偏右 \\ 1, & 坐姿正确 \\ 2, & 坐姿偏左 \end{cases} \tag{2-19}$$

为了使得左右判别平衡，这里需要使 $w_a = w_c$，调节 w_b 的大小可以调节灵敏度，w_b 越小灵敏度越高。当 A、B、C 区域的肤色图像都低于一个阈值时，系统将做出目标消失的判断，此时需要重新检测目标，等待目标出现后再次建立新的肤色区域统计模板。

本节在 Haar-like 特征和 AdaBoost 人脸检测的基础上提出了基于人脸肤色统计的坐姿判别的有效监测方法。针对单目标的人脸检测，采用检测窗口尺度自适应的检测方法，能大大提高人脸的检测速度。其次，采用基于人脸肤色统计的坐姿监测方法根据检测出的人脸框规划出左、中、右肤色判别区域，通过对比这三个区域的肤色与正确姿态下的情况，来判别坐姿靠左还是靠右；通过统计对比当前与正确姿态下的人脸框内的肤色面积来判断靠前还是靠后。实验表明，在避免背景为肤色的前提下，该方法靠左或靠右检测正确率为100%，对靠前或靠后的检测正确率为 97.3%。

2.2　人体疲劳状态监测方法

人体疲劳状态主要通过驾驶员的面部特征进行判断，如哈欠不止、眼睛闭合后睁开的速度过慢甚至不睁开，都可以认为其状态不佳。针对以上两种情况，2.2 节提出了基于嘴巴活动区域融合边缘统计的打哈欠判别和基于人眼与瞳孔检测的闭眼判别两种有效的疲劳判别方法，最后综合这两个应用详细阐述一个应用实例"辅助驾驶系统中头部状态与疲劳监测"。

在打哈欠判别算法中，嘴巴的活动几乎在人脸检测框的中下端 $\frac{1}{2}W \times \frac{1}{3}H$ 的区域内，主要依靠统计该区域内嘴巴边缘的纵向像素占比来判断嘴巴开合程度。

在闭眼判别算法中，在人脸检测基础上规划出眼睛的大概区域，将检测出来的眼睛进行适当放大再做霍夫圆检测，判断眼睛的开合状态。若在人眼中没有检测到瞳孔，则将当前状态判别为"闭眼状态"；若没检测到人眼，则将当前状态判别为"类似闭眼状态"。

2.2.1　基于融合边缘的打哈欠判别

若驾驶员的哈欠一直频繁不断，那么很可能他不具备良好的驾驶状态，因此打哈欠的频率可作为判断驾驶员疲劳程度的依据。由于大多数人在打哈欠时会不由自主地张大嘴巴，因此，打哈欠的状态可由嘴巴的张开程度和时间判断。下面将判别嘴巴活动区域内的情况，包括哈欠、讲话、闭合等状态。

1. 嘴巴活动区域的规划

在获取嘴巴活动区域的过程中，先由主动红外摄像头获取视频帧，再基于 Haar-like 特征和 AdaBoost 分类器检测提取人脸图像，最后按其比例规划出嘴巴活动区域，如图 2.17 所示。

图 2.17　嘴巴活动区域示意图

设人脸检测框的大小为 $W \times H$，其中 W 和 H 分别为人脸检测框的宽度和高度。那么，嘴巴监测区域的大小是 $\frac{1}{2}W \times \frac{1}{3}H$。

图 2.18 是人脸五个不同朝向时的监测区域示意图，其中的朝向包括：向左、向右、正面、向上和向下。而在这些朝向中，嘴巴都处于所设置的监测区域内。因此，以上设置的嘴巴监测区域具有可行性。

图 2.18　不同角度的监测区域示意图

2. 常见的边缘检测算子与选择

边缘是指图像局部特征的不连续性，即图像局部所发生的突变部分，包括灰度级的突变和颜色的突变等。图像像素的变化存在着两个属性：方向和幅度。图像像素的幅度在沿边缘方向变化比较平缓，而在垂直于边缘方向变化比较剧烈。这些边缘通常可以基于方向和幅度两个属性，通过微分算子检测出来。

1）Sobel 算子

Sobel 算子利用了像素点的上下邻点和左右邻点的灰度分别进行加权，根据在边缘处的极值从不同的方向进行边缘检测。该算子由两组 3×3 的矩阵组成，分别为横向算子和纵向算子，如图 2.19 所示。

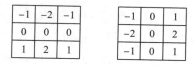

-1	-2	-1
0	0	0
1	2	1

-1	0	1
-2	0	2
-1	0	1

图 2.19　Sobel 算子卷积模板

其梯度幅值 g_r 计算公式为

$$g_r = \sqrt{S_x^2 + S_y^2} \tag{2-20}$$

式中，$S_x = \{f(x+1,y-1) + 2f(x+1,y) + f(x+1,y+1)\} - \{f(x-1,y-1) + 2f(x-1,y) + f(x-1,y+1)\}$，$S_y = \{f(x-1,y+1) + 2f(x,y+1) + f(x+1,y+1)\} - \{f(x-1,y-1) + 2f(x,y-1) + f(x+1,y-1)\}$。

2）Prewitt 算子

Prewitt 算子也是一种边缘模板算子，与 Sobel 算子一样也是利用像素点在上下和左右邻点的灰度差（不加权）对边缘进行检测。其梯度幅值计算公式为

$$g_r = \sqrt{P_x^2 + P_y^2} \tag{2-21}$$

式中，$P_x = \{f(x+1,y-1) + f(x+1,y) + f(x+1,y+1)\} - \{f(x-1,y-1) + f(x-1,y) + f(x-1,y+1)\}$，$P_y = \{f(x-1,y+1) + f(x,y+1) + f(x+1,y+1)\} - \{f(x-1,y-1) + f(x,y-1) + f(x+1,y-1)\}$。

与 Sobel 算子的模板类似，Prewitt 算子如图 2.20 所示。

-1	-2	-1
0	0	0
1	1	1

-1	0	1
-1	0	1
-1	0	1

图 2.20　Prewitt 算子的卷积模板

Sobel 算子和 Prewitt 算子都是对图像先做加权平滑处理，然后再做微分运算，都考虑到了邻域信息，所不同的是它们之间在平滑部分的权值存在着差异。因此，这两种算子都具有一定的噪声抑制能力，但遗憾的是不能保证所检测结果中的边缘都是真的边缘。

3）Laplacian 算子

Laplacian 算子是一个二阶导数算子，是对二维函数进行运算，由于对取向不敏感，与方向无关，因而其计算量比较小（管宏蕊和丁辉，2009）。二维函数 $f(x,y)$ 的二阶微分定义为

$$\nabla f(x,y) = \frac{\partial^2 f}{\partial x^2} + \frac{\partial^2 f}{\partial y^2} \tag{2-22}$$

对于离散的二维图像 $f(x,y)$，可以将二阶微分近似地表示为

$$\frac{\partial^2 f}{\partial x^2} = \left[f(i+1,j) - f(i,j) \right] - \left[f(i,j) - f(i-1,j) \right] \tag{2-23}$$
$$= f(i+1,j) + f(i-1,j) - 2f(i,j)$$

$$\frac{\partial^2 f}{\partial y^2} = \left[f(i,j+1) - f(i,j) \right] - \left[f(i,j) - f(i,j-1) \right] \tag{2-24}$$
$$= f(i,j+1) + f(i,j-1) - 2f(i,j)$$

再将上面的两个二阶偏微分相加即可得到 Laplacian 算子为

$$\nabla f(x,y) = \left[f(i+1,j) + f(i-1,j) + f(i,j+1) + f(i,j-1) \right] - 4f(i,j) \tag{2-25}$$

对应的滤波模板如图 2.21 所示,图 2.21(a) 这种模板旋转 90°之后与原来的模板相同,故模板对于 90°旋转是各向同性的。Laplacian 算子也有对于 45°旋转各向同性的,如图 2.21(b) 所示。

(a) 90°旋转各向同性   (b) 45°旋转各向同性

图 2.21 Laplacian 算子卷积模板

4) Canny 边缘检测算子

在图像的边缘检测中,噪声的抑制和精确的边缘定位是无法同时都满足的,而 Canny 边缘检测算子力求在抗噪声的干扰和精确定位之间寻求一种最佳的折中。Canny 边缘检测主要是先通过 Gauss 滤波器对图像进行平滑滤波,然后再通过非最大抑制技术对其进行处理,最终得到边缘图像,一般分为四个步骤。

(1) 用 Gauss 滤波器进行平滑。用 Gauss 滤波器对图像进行平滑,即选取合适的 Gauss 滤波算子 $G(x,y)$ 对图像 $f(x,y)$ 进行卷积运算,得到最终的平滑图像为

$$S(x,y) = f(x,y) \cdot G(x,y) \tag{2-26}$$

(2) 根据一阶导数的有限差分,计算出平滑图像的梯度方向和幅值。

一阶导数的有限差分卷积模板为

$$H_1 = \begin{vmatrix} -1 & -1 \\ 1 & 1 \end{vmatrix}, \quad H_2 = \begin{vmatrix} 1 & -1 \\ 1 & -1 \end{vmatrix} \tag{2-27}$$

$$\phi_1(x,y) = f(x,y) \cdot H_1(x,y), \quad \phi_2(x,y) = f(x,y) \cdot H_2(x,y) \tag{2-28}$$

最终得到幅值为

$$\phi(x,y) = \sqrt{\phi_1^2(x,y) + \phi_2^2(x,y)} \tag{2-29}$$

方向为

$$\theta_\phi = \arctan \frac{\phi_2(x,y)}{\phi_1(x,y)} \tag{2-30}$$

(3) 通过非最大抑制对梯度图像进行处理。为了确定边缘,需要对梯度幅值进行非最大抑制处理,在得到全局梯度的前提下,保留局部梯度最大值点,将梯度非局部极大值点

置零使得边缘得以细化。

（4）用双阈值算法检测和连接边缘。使用两个阈值 T_1 和 T_2（其中 $T_1<T_2$），可以得到边缘图像 N_1 和 N_2。由高阈值得到的图像 N_2 的边缘是间断的，同时含有较少的假边缘。双阈值要做的就是在图像 N_2 中将边缘连接成轮廓，具体做法是当到达轮廓的端点时，需要在边缘图像 N_1 的 8 邻域点位置寻找可以连接到轮廓的边缘，直到 N_2 上所有缝隙连接起来为止。

5）边缘检测算子的选择

在本节的打哈欠判别中，对人脸进行边缘检测，然后根据人脸的相对位置规划出嘴巴的活动区域，如图 2.22 所示的矩形区域，统计该区域纵向的边缘覆盖率来判断嘴巴张开的大小，嘴巴张大到一定程度的时候判断为类打哈欠的状态。然后根据视频流的特性，若嘴巴持续表现为类打哈欠的动作，则可初步判断为打哈欠。

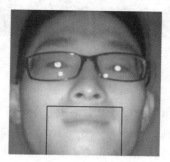

图 2.22　规划的嘴巴活动区域

用不同边缘检测算子对检测到的人脸进行边缘检测，如图 2.23、图 2.24 所示。

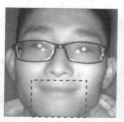 

(a) 灰度化人脸　　　　　(b) Canny边缘检测

(c) Laplacian边缘检测　　　(d) Sobel边缘检测　　　(e) Prewitt边缘检测

图 2.23　合上嘴巴情况下的边缘检测对比

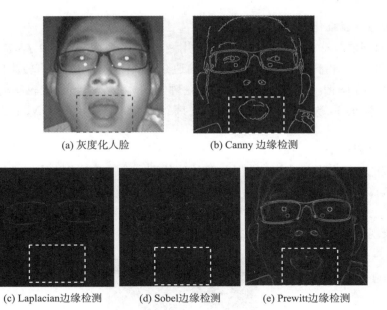

(a) 灰度化人脸   (b) Canny 边缘检测

(c) Laplacian边缘检测   (d) Sobel边缘检测   (e) Prewitt边缘检测

图 2.24   嘴巴张开情况下的边缘检测对比

从图 2.23 可以看出，Prewitt 边缘检测的结果比其他算子效果好，保留着嘴巴的轮廓。

观察嘴巴张开的情况，可以明显地看到在嘴巴活动区域内，图 2.24(e) Prewitt 边缘检测和图 2.24(b) Canny 边缘检测到的边缘相对要多一些，特别 Canny 边缘检测算子能够描述出嘴巴的轮廓，而其他几种检测算法的轮廓相对少一些。所以本节选择嘴巴开合情况区分度较大的 Prewitt 和 Canny 边缘检测算子作为嘴巴开合的检测方法。

3. Prewitt 与 Canny 边缘检测算子的融合边缘统计及打哈欠判别

通过红外相机获取的视频帧，抽取三种状态的三帧图像做人脸的 Canny 边缘检测，如图 2.25 所示。

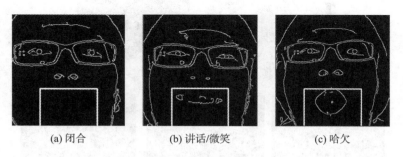

(a) 闭合   (b) 讲话/微笑   (c) 哈欠

图 2.25   Canny 边缘检测示意图

图 2.25 反映了嘴巴在闭合、讲话/微笑和打哈欠三种状态下的 Canny 边缘。由图 2.25 可知，在打哈欠状态下的边缘纵向跨度明显大于其他两种状态，如图 2.26(b) 所示。

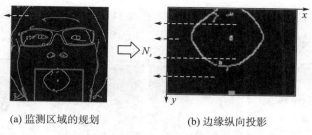

(a) 监测区域的规划   (b) 边缘纵向投影

图 2.26 监测区域纵向投影示意图

将二值化后的监测区域用一个大小 $m \times n$ 的矩阵 A 表示，其中行数 m 为监测区域的高度，即 $\frac{1}{3}H$，列数 n 为监测区域的宽度，即 $\frac{1}{2}W$。图 2.26(b) 中 N_s 表示边缘在纵向的投影量，可由下式表示：

$$N_s = \|\boldsymbol{a}\|_0 \tag{2-31}$$

即向量 $\boldsymbol{a}$ 中不为 0 的元素个数，$\boldsymbol{a}$ 为边缘纵向投影的直方图。求出纵向投影量 N_s 之后，将其与监测区域的高度相比得到边缘纵向投影比 R_y：

$$R_y = \frac{N_s}{m} = \frac{N_s}{\frac{1}{3}H} = \frac{3N_s}{H} \tag{2-32}$$

边缘纵向投影比反映了嘴巴的边缘在监测区域的纵向跨度，即嘴巴的张开程度。

在实际运用中设定一个阈值 T_R（$0 < T_R < 1$），当 $R_y > T_R$ 时，可将对应的视频帧的状态判别为"类打哈欠"。如果在一定时间连续多帧图像状态都是"类打哈欠"，则将被判别为打哈欠。

实验发现，在某些打哈欠的视频帧中，直接使用 Canny 边缘检测算子不能很好地检测出嘴巴边缘（如实验视频中第 40 帧和第 42 帧图像的 Canny 边缘检测），如图 2.27(b) 和图 2.27(f) 所示，有的甚至无法检测到边缘。

因此本节将 Prewitt 和 Canny 边缘检测算子相融合，即先用 Prewitt 边缘检测算子对灰度图进行处理[如图 2.27(c)、图 2.27(g) 和图 2.27(k) 是用 Prewitt 边缘检测算子分别对视频第 40、42、50 帧图像进行处理之后的效果]，然后再进行 Canny 边缘检测[效果如图 2.27(d)、图 2.27(h)、图 2.27(l)]，这使得在打哈欠时对嘴巴的边缘检测更加可靠，并能得到有效的边缘纵向投影比 R_y。

图 2.27 是 Canny 边缘检测算子、Prewitt 边缘检测算子和 Prewitt+Canny 边缘检测算子对实验视频第 40、42、50 帧进行边缘检测的效果图。根据经验，设定 Canny 边缘检测算子的阈值 $T_1=50$ 和 $T_2=150$，且将式 (2-21) 改为

$$g_r = \frac{1}{2}|P_x| + \frac{1}{2}|P_y| \tag{2-33}$$

从图中发现融合之后的边缘检测算子能够很好地检测出打哈欠时的嘴巴边缘。本书最终用 Prewitt 与 Canny 边缘检测算子的融合检测嘴巴边缘。

为了判定"类打哈欠"需要确定阈值 T_R，即监测区域内边缘纵向投影比 $R_y > T_R$。

表 2-2 是 A、B、C 和 D 四名志愿者在相同实验条件下嘴巴闭合、微笑、说话以及打哈欠四种状态所测得的边缘纵向投影比 R_y 的范围，每个动作测试 30 秒。

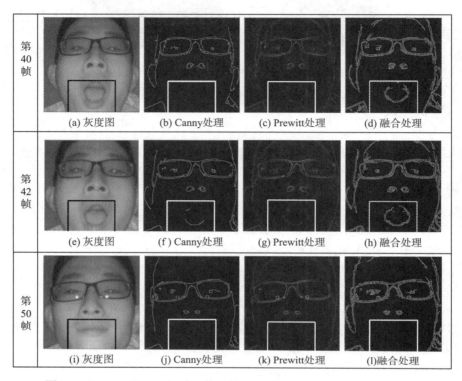

图 2.27　Prewitt 和 Canny 边缘检测算子及其两者融合的边缘检测效果图

表 2-2　嘴巴的四个动作下边缘纵向投影比 R_y（%）

志愿者	闭合时的 R_y	微笑时的 R_y	说话时的 R_y	打哈欠时的 R_y
A	26～23.47	13.0～32.0	17.82～31.25	65.90～96.30
B	10.95～23.08	20.00～48.15	26.92～43.42	58.73～73.21
C	0.00～20.00	7.87～26.67	11.96～42.05	54.74～96.47
D	10.26～25.96	24.44～39.78	24.75～48.51	78.00～93.07

从表格中可以看出，为了更好地将打哈欠和不打哈欠区分开来，将阈值设定为 $T_R = 52$。

2.2.2　人眼与瞳孔检测及闭眼判别

1. 人眼检测

从图 2.28 可以看出，检测会存在误检，误检的位置都在眼睛以下部分。为此，先根据人脸的位置规划出检测区域，然后再在此基础上做人眼的检测，具体对人眼区域的规划如图 2.29 所示。

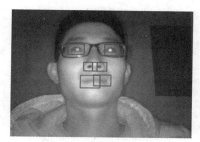
(a) 整张图的人眼检测

(b) 规划后的左眼检测

图 2.28　人眼检测

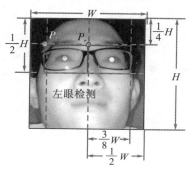

图 2.29　人眼区域规划示意图

如图 2.29 所示的线框区域为规划的左右人眼区域。每个检测区域的大小都为 $\frac{3}{8}W \times \frac{1}{4}H$，其中 W 为人脸检测框的宽度，H 为人脸检测框的高度。相对于人脸检测框，左眼检测区左上角点坐标为 $P_l\left(\frac{1}{8}W, \frac{1}{4}H\right)$，右眼检测区左上角点坐标为 $P_r\left(\frac{1}{2}W, \frac{1}{4}H\right)$。

人眼检测区域的规划原则是使得眼睛在向上、向下、正面、向左和向右共 5 个常见的方向看时眼睛在各自的检测区内，如图 2.30 所示。

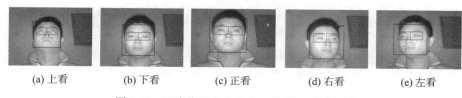

(a) 上看　　　(b) 下看　　　(c) 正看　　　(d) 右看　　　(e) 左看

图 2.30　五个常见方向的人眼检测区域示意图

根据实验结果，在能检测出人脸的前提下，按照图 2.29 所划分的左右人眼检测区域能够较好地包含对应的眼睛。

2. 基于霍夫圆的瞳孔检测

霍夫变换是一种特征提取技术，是从图像中识别几何形状的基本方法之一。基本思想是将图像空间内的一点以一条曲线(或一个曲面)的形式变换到一个参量空间，而在这个参量空间中具有同一特征的点经变换后的曲线(或者曲面)是相互相交的，然后通过判断交点处的累积程度来检测出对应的特征曲线。经典霍夫变换常用来检测图像中的直线，后来霍夫变换被扩展到了任意形状的检测，多为圆和椭圆。

在平面中，任意一条直线都可以用极坐标方程来表示为

$$\rho = x\cos\theta + y\sin\theta \tag{2-34}$$

式中，ρ 和 θ 两参数均为常量，ρ 为原点到直线的距离，θ 为原点到直线的垂直线与 x 轴方向的夹角，极坐标下的直线示意图如图 2.31 所示。

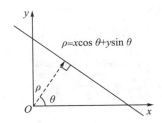

图 2.31　极坐标下直线示意图

将同一直线 l 上的 n 个点进行上述变换，那么这 n 个点在参量空间中就有 n 条曲线与之相对应，且这些曲线在参量空间中相交于同一个点。假设图像 (x, y) 平面上存在 $P_1(x_0, y_0)$ 和 $P_2(x_1, y_1)$ 两个点，则这两点映射到 (ρ, θ) 平面上分别为 M_1 和 M_2 两条曲线。若点 P_1 和 P_2 在同一条直线 l 上，则在参量 (ρ, θ) 平面中存在相同的 ρ 值和 θ 值，即 M_1 和 M_2 存在一个交点 (ρ_0, θ_0)。简而言之，图像空间中共线的点对应着参量空间(霍夫变换空间)中共点的线(曲线)，那么只要找出霍夫变换空间中共点的曲线，就能确定图像空间中的曲线。

直线的霍夫变换是一个两参数的参数空间，推而广之，在坐标平面上确定一个圆需要三个参数——圆的半径、圆心的 x 轴坐标和 y 轴坐标，因此圆的霍夫变换是一个以圆的半径和圆心坐标为参数的三维空间变换(陈仁爱 等，2016)。

在坐标平面上，一个圆由半径和圆心所确定，方程式为

$$(x - c_1)^2 + (y - c_2)^2 = r^2 \tag{2-35}$$

式中，圆心为 (c_1, c_2)，半径为 r。因此，平面上的圆也可以变换到参数坐标系 (c_1, c_2, r) 下，对应的变换就是霍夫圆变换。

在实际检测中，圆的半径往往是未知的，此时式(2-35)对应的是一个三维锥面。如图 2.32 所示，在图像平面同一圆周上的点的集合 $\{(x_i, y_i)\}$，与该集合中的点对应的三维锥

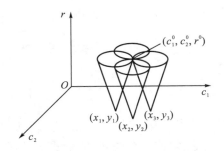

图 2.32　圆的参数空间表示

面将相交于该霍夫坐标系下的点 (c_1^0, c_2^0, r^0)，而该点对应于图像平面的圆心坐标 (c_1^0, c_2^0) 和半径 r^0，从而得到了实际图像坐标空间中的一个以 (c_1^0, c_2^0) 为圆心、r^0 为半径的圆。

瞳孔检测的整体流程如图 2.33 所示。

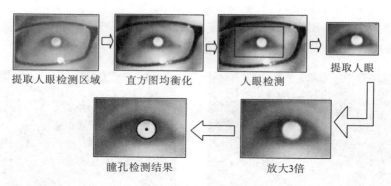

图 2.33　瞳孔检测实现示意图

瞳孔检测是在人眼检测的前提下进行的，先根据所规划的人眼检测区域检测人眼，再进行直方图均衡化，使得对比度更加明显(如图 2.33 中"提取人脸检测区域"与"直方图均衡化"的对比)，在此基础上再做人眼的检测，最终将检测到的人眼放大 3 倍之后做瞳孔的检测。图中的瞳孔检测是根据最大圆、最小圆的参数分别为人眼图像高度的 $\frac{1}{3}$ 和 $\frac{1}{8}$ 时得到的结果。

3. 闭眼判别

当人眼闭合时就不能从人眼中检测到瞳孔，那么反过来，若在人眼中检测不到霍夫圆，则可以大致将当前状态判别为"闭眼状态"。然而，如果没有检测到人眼，那么就谈不上对瞳孔的检测。但通过实验发现，在坐姿较为端正的前提下，通过 AdaBoost 算法没有检测到人眼通常是因为闭着眼睛所导致，所以本书将没有检测到人眼的状态也判别为闭眼，为了与瞳孔判别区分开，则称为"类似闭眼状态"。若在一定时间内，连续多帧视频图像都判别为"闭眼状态"和"类似闭眼状态"，则可以将被监测者的当前状态判别为疲劳。事实证明，这种判别方法具有可行性。

2.2.3　辅助驾驶系统中头部状态与疲劳监测

1. 基于区域最佳匹配特征点的头部状态判别研究

1) SIFT 特征和 SURF 特征

尺度不变特征变换(SIFT)是计算机视觉领域中检测和描述图像中局部特征的算法，该算法于 1999 年由 Lowe 提出，并于 2004 年进行了补充和完善。SIFT 算法检测到的是一种局部特征，该特征对于图像的尺度和旋转具有一定的不变性。除此之外，SIFT 特征对于亮度变化和噪声都具有较强的鲁棒性；这些特征因具有很强的可区分性而很容易被提取。

SURF是一种具有鲁棒性的局部特征检测算法，它首先由Bay等(2006)提出，并在2008年得到了完善。该算法除了具有高重复性的检测器和可区分性好的描述符特点外，还具有很强的鲁棒性和更高的运算速度，如Bay等(2008)所述，SURF至少比SIFT快3倍以上，其综合性能要好于SIFT算法。

图2.34为分别利用SIFT算法和SURF算法对一段视频中连续10帧图像(每帧图像大小为640×480)的灰度图像进行特征点检测的实验数据。

(a) SIFT特征点

(b) SURF特征点

图2.34　SIFT和SURF特征点在连续10帧图像上的耗时实验

图2.34中显示在大小为640×480的图像上，SIFT算法的平均用时为559ms，而SURF算法的平均用时仅为96ms，SURF算法的运行速度是SIFT运行速度的5.8倍之多。因此在视频图像的处理中，本节主要采用SURF进行特征检测。

2) 特征点检测区域的规划

为了尽可能地保证所提取的特征点来自人脸面部，本节在人脸检测框上对特征点的检测进行了区域限定，如图2.35(b)所示。

(a) 人脸检测

(b) 规划特征点检测区域

图2.35　特征点检测区域规划示意图

特征点的检测区域是按照人脸检测框的比例来规划的，若人脸检测框的宽和高分别为W_f和H_f，那么所规划的区域宽度是在原来人脸检测框上两边各去掉$\frac{1}{5}W_f$，高度保持不变(即最终获得特征点检测区域宽和高分别为$\frac{3}{5}W_f$和H_f，区域中心点与人脸检测框的中心点的位置相同）。

3）头部状态判别

在进行头部状态判别时，将检测区域内的图像作为模板，提取其中所有的 SURF 特征点。实时提取每一帧图片中检测区域中的特征点，并选出与模板中最为匹配的三对特征点，通过这三对特征点的位置信息来判断当前头部姿势与模板姿势的差异。

图 2.36 反映的是在一段用红外摄像头拍摄的视频下，模板和当前视频帧图像检测区域内的特征点分布，以及模板特征点与不同视频帧下的特征点最匹配的三对点的位置关系。

(a) 模板与第25帧检测区最匹配三点　　　　　　(b) 模板与第30帧检测区最匹配三点

(c) 模板与第91帧规划区最匹配三点　　　　　　(d) 模板与第181帧规划区最匹配三点

图 2.36　在不同帧下检测区内与模板最匹配的三点实验图

在实验中将正确头部状态中的第 20 帧视频图像的特征点检测区域作为模板图像，在模板图像内提取了 49 个 SURF 特征点。其中图 2.36(a) 和图 2.36(b) 分别是第 25 帧和第 30 帧下的特征点匹配结果，反映的是相对正确头部状态的情况。从图中可以看到，这三对最匹配点间连线是相对平行的，即在正确头部状态下最匹配的三对点的位置在各自图像上的坐标变化不大。而图 2.36(c) 虽然三对点的连线相对平行，但是每对匹配点在各自的位置明显不同，这说明了当匹配点间的位置存在较大差异时，很可能是因为当前头部姿势不正确。图 2.36(d) 反映的是违规的头部姿势，如果是在行车驾驶中表现为注意力不集中，此时最匹配的三对特征点间的连线明显不平行，并且匹配特征点在各自原图上的位置明显不同。综上，就可以利用这三对最匹配的特征点的位置作为头部姿势的判断依据。

通过匹配得到的三对特征点的位置，可以建立两个图像坐标，分别是匹配图合并而成的坐标和匹配图各自分开的坐标。

如图 2.37 所示，模板中对应的匹配点分别为 $P_1(x_1, y_1)$、$P_2(x_2, y_2)$、$P_3(x_3, x_3)$，当前帧下检测区域内对应的匹配点为 $P_1'(x_1', y_1')$、$P_2'(x_2', y_2')$、$P_3'(x_3', x_3')$。这三对点分别构成三个匹配向

量，可以表示为

$$\begin{cases} \boldsymbol{I}_1 = P_1 P_1' = (a_1, b_1) = (x_1' - x_1, y_1' - y_1) \\ \boldsymbol{I}_2 = P_2 P_2' = (a_2, b_2) = (x_2' - x_2, y_2' - y_2) \\ \boldsymbol{I}_3 = P_3 P_3' = (a_3, b_3) = (x_3' - x_3, y_3' - y_3) \end{cases} \quad (2\text{-}36)$$

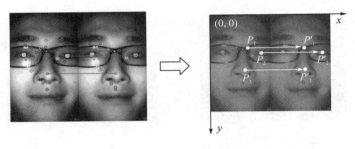

图 2.37　匹配图并列成坐标

那么这三个匹配向量之间的夹角余弦可以表示为

$$\cos\langle \boldsymbol{I}_1, \boldsymbol{I}_2\rangle = \frac{\boldsymbol{I}_1 \cdot \boldsymbol{I}_2}{|\boldsymbol{I}_1| \cdot |\boldsymbol{I}_2|} = \frac{(x_1' - x_1)(x_2' - x_2) + (y_1' - y_1)(y_2' - y_2)}{\sqrt{(x_1' - x_1)^2 + (y_1' - y_1)^2} \cdot \sqrt{(x_2' - x_2)^2 + (y_2' - y_2)^2}}$$

$$\cos\langle \boldsymbol{I}_1, \boldsymbol{I}_3\rangle = \frac{\boldsymbol{I}_1 \cdot \boldsymbol{I}_3}{|\boldsymbol{I}_1| \cdot |\boldsymbol{I}_3|} = \frac{(x_1' - x_1)(x_3' - x_3) + (y_1' - y_1)(y_3' - y_3)}{\sqrt{(x_1' - x_1)^2 + (y_1' - y_1)^2} \cdot \sqrt{(x_3' - x_3)^2 + (y_3' - y_3)^2}}$$

$$\cos\langle \boldsymbol{I}_3, \boldsymbol{I}_2\rangle = \frac{\boldsymbol{I}_3 \cdot \boldsymbol{I}_2}{|\boldsymbol{I}_3| \cdot |\boldsymbol{I}_2|} = \frac{(x_3' - x_3)(x_2' - x_2) + (y_3' - y_3)(y_2' - y_2)}{\sqrt{(x_3' - x_3)^2 + (y_3' - y_3)^2} \cdot \sqrt{(x_2' - x_2)^2 + (y_2' - y_2)^2}}$$

而向量之间的夹角余弦可以反映向量的方向差异，即当两向量之间的夹角余弦为 1 时，该向量之间的夹角为 0°（坐标轴上表现为向量线段相互平行或重合），角度在$(0°, 180°)$上余弦随着角度的增大而减小，当向量之间夹角余弦值为 0 时，对应夹角为 90°（坐标轴上表现为向量线段相互垂直），向量之间夹角余弦值为-1 时，对应夹角为 180°（坐标轴上表现为向量线段相互平行或重合）。那么向量线段的平行程度可以用余弦的绝对值表示为

$$S_{(\boldsymbol{I}_1, \boldsymbol{I}_2)} = \left|\cos\langle \boldsymbol{I}_1, \boldsymbol{I}_2\rangle\right| = \frac{\left|(x_1' - x_1)(x_2' - x_2) + (y_1' - y_1)(y_2' - y_2)\right|}{\sqrt{(x_1' - x_1)^2 + (y_1' - y_1)^2} \cdot \sqrt{(x_2' - x_2)^2 + (y_2' - y_2)^2}} \quad (2\text{-}37)$$

$$S_{(\boldsymbol{I}_1, \boldsymbol{I}_3)} = \left|\cos\langle \boldsymbol{I}_1, \boldsymbol{I}_3\rangle\right| = \frac{\left|(x_1' - x_1)(x_3' - x_3) + (y_1' - y_1)(y_3' - y_3)\right|}{\sqrt{(x_1' - x_1)^2 + (y_1' - y_1)^2} \cdot \sqrt{(x_3' - x_3)^2 + (y_3' - y_3)^2}} \quad (2\text{-}38)$$

$$S_{(\boldsymbol{I}_3, \boldsymbol{I}_2)} = \left|\cos\langle \boldsymbol{I}_3, \boldsymbol{I}_2\rangle\right| = \frac{\left|(x_3' - x_3)(x_2' - x_2) + (y_3' - y_3)(y_2' - y_2)\right|}{\sqrt{(x_3' - x_3)^2 + (y_3' - y_3)^2} \cdot \sqrt{(x_2' - x_2)^2 + (y_2' - y_2)^2}} \quad (2\text{-}39)$$

式中，$S_{(\boldsymbol{I}_1, \boldsymbol{I}_2)}$、$S_{(\boldsymbol{I}_1, \boldsymbol{I}_3)}$、$S_{(\boldsymbol{I}_3, \boldsymbol{I}_2)}$ 分别表示向量 $\boldsymbol{I}_1$ 与 $\boldsymbol{I}_2$、$\boldsymbol{I}_1$ 与 $\boldsymbol{I}_3$、$\boldsymbol{I}_3$ 与 $\boldsymbol{I}_2$ 的平行程度，其取值范围为[0,1]，且值越大，表示越接近平行。基于此，可以定义一个向量 $\boldsymbol{M}_1$ 来判别这三个向量线段之间的相互平行程度：

$$\boldsymbol{M}_1 = S_{(\boldsymbol{I}_1, \boldsymbol{I}_2)} + S_{(\boldsymbol{I}_1, \boldsymbol{I}_3)} + S_{(\boldsymbol{I}_3, \boldsymbol{I}_2)} \quad (2\text{-}40)$$

式中，M_1 的取值范围在[0,3]，若在此区间内设定一个阈值 T_{M_1}，使得当 $M_1 < T_{M_1}$ 时，可认为当前头部姿势与模板不匹配，反之头部姿势与模板较为匹配。

图 2.38 是将匹配图分开之后建立的坐标示意图，此时模板区域内最匹配的三个点是 $P_1(x_1, y_1)$、$P_2(x_2, y_2)$ 和 $P_3(x_3, y_3)$，分别对应着当前帧下检测区域内的匹配点 $P_1'(x_1', y_1')$、$P_2'(x_2', y_2')$ 和 $P_3'(x_3', y_3')$，那么，每对特征点的欧几里得距离（张忠林 等，2010）为

$$\begin{cases} d_1 = \sqrt{(x_1 - x_1')^2 + (y_1 - y_1')^2} \\ d_2 = \sqrt{(x_2 - x_2')^2 + (y_2 - y_2')^2} \\ d_3 = \sqrt{(x_3 - x_3')^2 + (y_3 - y_3')^2} \end{cases} \tag{2-41}$$

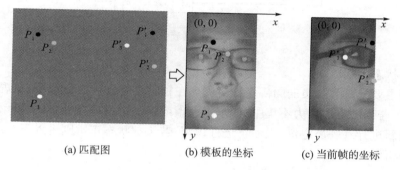

(a) 匹配图　　　　(b) 模板的坐标　　　　(c) 当前帧的坐标

图 2.38　将匹配图分开的坐标示意图

同一坐标系内，每一对匹配点间的欧氏距离反映着匹配点的偏离距离。由于在实际应用中模板尺寸的不定性，故需要对距离进行归一化处理，因此模板归一化之后的整体偏离距离可以表示为

$$D = \frac{1}{W_f} \sum_{i=1}^{3} d_i \tag{2-42}$$

式中，W_f 为模板图像的宽度；d_1、d_2、d_3 分别表示特征匹配点 P_1 与 P_1'、P_2 与 P_2' 以及 P_3 与 P_3' 的欧氏距离。归一化的整体偏离距离可以反映匹配点的整体偏离情况，若此时设一阈值 T_D，当 $D > T_D$ 时表示偏离过大而认为当前头部状态不正常。

2. 疲劳检测系统设计

本系统大体可以分为锁定驾驶员模块、头部状态判别模块、打哈欠疲劳判别模块、眼睛疲劳判别模块四个部分。系统设计如图 2.39 所示。

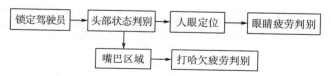

图 2.39　辅助驾驶中头部状态与疲劳监测系统框图

1）锁定驾驶员模块

该模块模拟打开车门时触发监测系统，随后启动驾驶员锁定模块，这个模块主要通过人脸检测方法检测出最大人脸，待人脸检测框稳定后根据人脸检测框确定出最终的人脸监测区域，完成驾驶员的锁定，如图 2.40 所示。

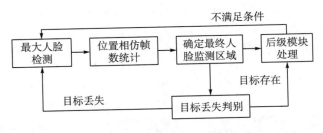

图 2.40　锁定驾驶员模块

2）头部状态判别模块

该模块主要是对驾驶员的面部进行监测，在锁定了驾驶员的位置后（即规划好了人脸监测区域），若驾驶员注意力不集中（如东张西望或偏头讲话）时给出一个提示，且在提示结束后将重新进行驾驶员定位，然后再进行识别，若头部状态正常则进入下一级模块处理，如图 2.41 所示。

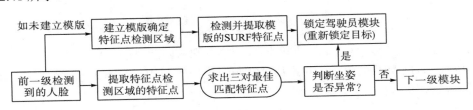

图 2.41　头部状态判别模块

该模块在锁定驾驶员之后检测出人脸，然后利用基于人脸区域匹配特征点的头部状态监测方法（2.2.4 节）对当前帧进行监测。如果当前帧的头部状态是正确的则进入下一级，否则对其进行计数，如果不良头部状态计数到 10 帧，那么判别为不良头部状态并给出提示，然后返回到锁定驾驶员模块重新锁定目标。

3）打哈欠疲劳判别模块

该模块是建立在头部姿势判别正确的基础上，结合基于嘴巴开合程度的疲劳监测方法来实现（2.2.2 节），如图 2.42 所示。

图 2.42　打哈欠判别模块

根据边缘纵向投影比 R_y 反映的是嘴巴张开的程度，在这里设定阈值 $T_R = 0.5$，那么当 $R_y > T_R$ 时可认为此时嘴巴达到了打哈欠的标准，即打哈欠状态。如果连续大于 t_1（本书取

$t_1 = 1$)秒时间内的视频图像帧均表现为这个状态,那么将这组视频帧作为一个哈欠组,并对其进行计数,如果哈欠组在一分钟之内超过 p(本书取 $p = 5$)个,那么判定驾驶员现在状态不佳。

4)眼睛疲劳判别模块

该模块主要是在头部姿势监测正确的基础上,根据基于人眼与瞳孔的闭眼判别方法(2.2.2节),对没有检测到的瞳孔(包括没有检测到的人眼)进行标记,由于人们在困倦时眨眼的速度会变慢或者呈半闭状态,那么如果连续 t_2(本节取 $t_2 = 1$)秒没有检测到人眼,那么判别为疲劳并给出提示,如图 2.43 所示。

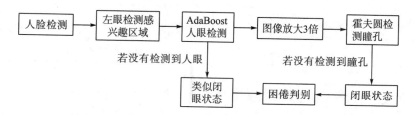

图 2.43 眼睛疲劳判别模块

如果连续 t_3(本书取 $t_3 = 1$)秒没有检测到人眼,那么判定被监测者睡着或者快睡着了,此时给出严重警告。

2.2.4 实验结果与分析

本系统对三个人(A、B 和 C,其中 C 戴眼镜)分别进行多次测试,结果如下。

1. 锁定驾驶员模块的测试

测试方式:被测试者每次从监控区域外进入,并较为端正地坐在摄像头前,如果在 3～5s 能够确定出人脸的监测区域且检测出人脸,则说明驾驶员锁定成功,每个被测试者重复做 30 次,测试结果如表 2-3 所示。

表 2-3 锁定驾驶员模块的测试

被监测者	检测次数/次	正确次数/次	正确率/%
A	30	30	100
B	30	30	100
C	30	30	100

根据表 2-3 的测试结果,可知运用本书的方法对正确头部状态下的驾驶员进行锁定是可行的。在这 90 次测试中该模块的正确率为 100%。

2. 头部状态判别模块的测试

测试方式：每名被测试者先端正地坐在摄像头前，几秒后会被锁定并建立特征点模板，此时被测试者做不良行为（包括偏左、偏右、向上看、向下看）然后再恢复到原来的状态（正确状态），如果这个过程监测的结果都是对应的，那么记本次测试为正确，每个被测试者重复做 30 次，测试结果如表 2-4 所示。

表 2-4　头部状态判别模块的测试

被监测者	测试次数/次	正确次数/次	正确率/%
A	30	30	100
B	30	29	96.7
C	30	30	100

由表 2-4 发现只有 B 在 30 次测试中有 1 次判别错误，原因很可能是回正的时候没有回到位。在这 90 次测试中，其正确率为 98.9%，总体检测效果良好。

3. 打哈欠疲劳判别模块的测试

测试方式：每名被测试者先端正地坐在摄像头前，保证坐姿是正确的，模拟打哈欠的状态，如果被监测到则表示测试正确，每名被测试者重复做 30 次，测试结果如表 2-5 所示。

表 2-5　打哈欠判别模块的测试

被监测者	测试次数/次	正确次数/次	正确率/%
A	30	30	100
B	30	30	100
C	30	30	100

从表 2-5 可以看出，打哈欠疲劳判别模块在这 90 次测试中的正确率为 100%，可应用于对打哈欠的判别中。

4. 眼睛疲劳判别模块的测试

测试方式：每名被测试者先端正地坐在摄像头前，保证坐姿是正确的，模拟缓慢合上眼睛，如果在闭眼时能被检测到则视为测试通过，每名被测试者重复做 30 次，测试结果如表 2-6 所示。

表 2-6　眼睛疲劳模块的测试

被监测者	测试次数/次	正确次数/次	正确率/%
A	30	30	100
B	30	30	100
C	30	28	93.3

从表 2-6 可以看出，眼睛疲劳判别模块的准确率也比较高，只是当被测试者戴有眼镜时，可能因为镜片的反光而被误判成睁着眼睛的情况，但是就预警系统而言也具有一定的作用。在这 90 次测试中，该模块的正确率为 97.8%。

为了验证系统的实时性，将各个模块连接起来（含人脸检测算法），对整个系统的执行速度进行测试。随机抽取连续的 30 帧图像进行测试，测试结果如图 2.44 所示。

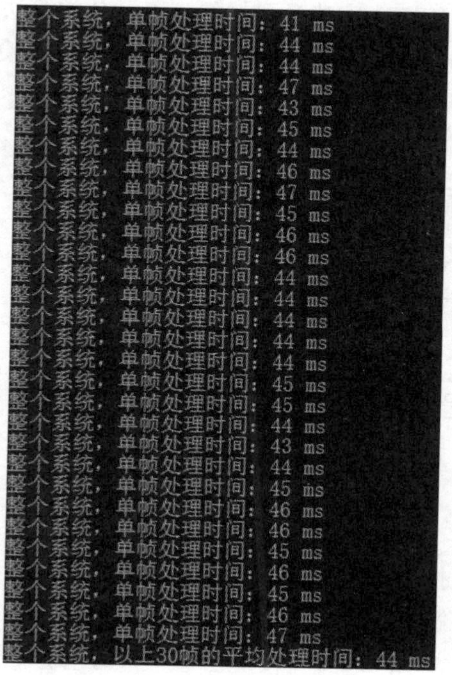

图 2.44　整个系统的执行速度测试

从实验结果来看，整个系统对每一帧图像的平均处理时间约为 44ms，也就是说在 1s 内大概能够处理 22 帧图像。但事实上，在实际应用当中并不需要对每一帧图像进行处理，本系统每隔 100ms 抓取一帧图像进行处理就能够达到很好的判别效果。因此，整个系统的执行速度完全能满足实时性的要求。

针对驾驶员的疲劳监测，本节提出了三种判别方法：①选择正确姿态下的模板与实时监测区域中的三对最佳匹配的 SURF 特征点的位置进行分析，从而判断出当前坐姿的正确与否；②实验结果表明，嘴巴几乎活动在人脸检测框中下端 $\frac{1}{2}W \times \frac{1}{3}H$ 的区域内，所以打哈欠的判别主要是在人脸检测框的基础上规划出嘴巴常活动的区域，然后统计在该区域内嘴巴边缘（红外摄像机下 Prewitt 与 Canny 边缘检测算子检测的边缘融合）纵向投影比判断嘴巴开合程度，并通过开合程度来判断打哈欠的状态；③根据人脸检测框规划出眼睛的大概区域，在此基础上能够有效地检测出眼睛的位置，大大减少了全局检测带来的误检，同时提高了检测效率，然后将检测出来的眼睛进行适当放大做霍夫圆检测，通过霍夫圆的存在与否判断眼睛开合状态。

2.3　基于稀疏表示的两级级联快速行人检测

本节主要提出一种两级级联的快速行人检测算法：第一级根据行人直立行走和左右对称的特性，提出一种新的竖直方向的边缘对称特征，能快速排除大量非行人区域；第二级采用 HOG 特征和基于 LC-KSVD 字典学习的稀疏表示分类算法对可能有行人的区域进行精确检测。本节的算法在保证检测精度的同时大大缩短了行人检测的时间，并且对遮挡情况有很好的鲁棒性。算法流程图如图 2.45 所示。

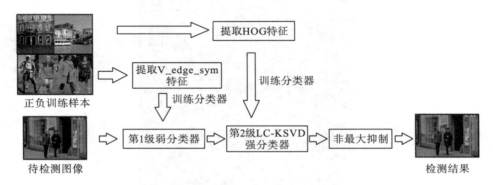

图 2.45　快速行人检测算法流程图

处理 RGB 彩色图像时，首先将其转换成灰度图像，然后对图像进行竖直方向的边缘检测，在边缘检测后的图像中，按一定步长用大小为 64×128 的检测窗口扫描按不同比例缩小的待检测图像，提取竖直方向边缘特征，即 V_edge_sym 特征，根据训练保存的第一级分类器进行分类，排除大部分非行人区域；对没有被排除的检测结果提取 HOG 特征，用训练好的稀疏字典进行分类，得到精确检测结果。所以算法的计算量主要在提取 HOG 特征和用第二级分类器分类上，并且第一级的检测结果越多，计算量越大。检测步骤如下。

（1）训练第一级弱分类器。分别提取正负样本的 V_edge_sym 特征，通过有监督的训练方式得到分类器系数。

（2）训练第二级强分类器。分别提取正负样本的 HOG 特征，采用 LC-KSVD 字典学习算法，迭代求解全局最优字典 D。

（3）多尺度扫描和行人区域初筛。对原图像进行 8 个尺度的缩放，用大小为 64×128 的检测窗口在原图像上按固定步长做横向和纵向滑动并提取 V_edge_sym 特征，使用第一级分类器对所有检测窗口进行分类。如图 2.46 所示，扫描完当前图像后对图像做 1.1 倍的图像缩放，对缩放后图像再次进行滑动窗口扫描，从而达到多尺度检测的目的。

（4）行人区域精确检测。根据第三步的检测结果，确定其检测出的行人区域在原图中的位置和缩放尺度，提取 HOG 特征，并基于稀疏表示的分类算法进行精确检测。

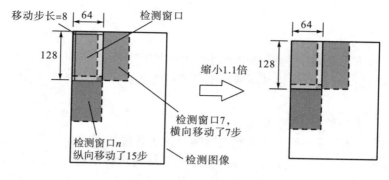

图 2.46 窗口扫描示意图

(5)非最大抑制。判断第四步检测结果是否出现重叠，由于基于稀疏表示的分类算法的抗遮挡能力强，通过滑动窗口做多尺度检测时，如果是行人区域，那么该区域的检测窗口一般不止一个。因此可以根据窗口重叠数量，排除一些伪行人窗口，如聚类结果只含有一个或两个窗口时，可以判别为非行人区域。按检测窗口重叠个数计算置信度，置信度低的区域可排除，置信度高的区域通过覆盖面积比进行窗口融合，得到最终检测结果。因此如果最终原图中的检测窗口变得稀疏很多，可以认为是检测了的行人。具体方法是假设所有尺度下的检测结果为 $B = \{b_1, b_2, \cdots, b_n\}$，$B$ 中每个元素代表一个行人检测窗口，融合同一图像中不同尺度下以及相近位置上的全部检测窗口。采用聚类方法进行窗口融合，设定最小距离阈值 t，步骤如下。

(1)首先将每个检测结果（B 中每个元素）作为一类簇：
$$c_i = \{b_i\} \tag{2-43}$$

(2)计算 h 中所有元素两两之间的距离：
$$d(c_i, c_j) = 1 - o(c_i, c_j) \tag{2-44}$$

式中，$o(c_i, c_j)$ 表示 c_i 和 c_j 的窗口重合率，找出距离最小的两个类簇。

(3)如果最小距离 $d(c_i, c_j) > t$，则结束；否则，继续进行窗口合并。

(4)对 c_i 和 c_j 的对应矩形坐标求平均值，合并成一个类簇 c_i。

(5)去除类簇 c_j，返回第(2)步。

接下来将详细阐述快速行人检测算法中的 HOG 特征和 V_edge_sym 特征、第一级弱分类器以及第二级分类器设计。

2.3.1 HOG 特征和 V_edge_sym 特征

将特征按照其区域性质进行划分，特征算子可以被分为两种：一种不具备尺度不变性，因此每次检测时需要按一定比例缩放待检测图像或是检测窗口，这类特征主要是基于目标的纹理、颜色以及边缘轮廓信息，被广泛应用于目标识别领域，如 HOG、局部二值模式（LBP）、Gabor 和 CENTRIST 特征等；另一种特征是具有尺度不变性的，使用该类特征在目标检测时能避免大量的多尺度运算，其代表主要有 Haar-like 特征和受 Haar-like 特征启发提出的竖直方向边缘特征，简称 V_edge_sym 特征。

1. HOG 特征

方向梯度直方图（HOG）特征是用来进行物体检测的特征描述子，用于提取行人的外形信息和运动信息，其核心思想是图像局部像素强度的梯度和方向可以级联来描述行人的形状信息。

具体的计算步骤如下。

（1）图像预处理，减少噪声和光照的影响。由于各种外部原因，获取的图像往往会出现局部纹理曝光过大，造成局部阴影的情况，为了解决这种问题，在提取特征前进行图像预处理可以有效降低噪声和光照等的影响。先将原图转换为灰度图像，再采用 Gamma 公式进行标准化校正，具体为

$$I(x,y) = I(x,y)^{\text{gamma}} \tag{2-45}$$

式中，gamma 是常数。

（2）利用微分算子，计算图像局部区域梯度。计算图像横坐标和纵坐标方向的梯度，并由式（2-46）和式（2-47）计算每个像素位置的梯度方向值；通过求导的方式不仅能获得图像中目标的纹理信息，还能进一步抑制光照对特征的影响。其中在计算图像梯度时，为了加速计算，一般采用一阶微分算子模板 $[-1,0,1]$，如坐标为 (x,y) 的像素的水平和垂直方向的梯度计算公式为

$$G_h(x,y) = f(x+1,y) - f(x-1,y) \tag{2-46}$$
$$G_v(x,y) = f(x,y+1) - f(x,y-1) \tag{2-47}$$

计算出每个像素点的横向和纵向梯度后，再计算梯度强度和梯度方向：

$$\nabla f = \| \nabla f \|_2 = \sqrt{G_h(x,y)^2 + G_v(x,y)^2} \tag{2-48}$$
$$\theta(x,y) = \arctan\left[G_h(x,y)/G_v(x,y)\right] \tag{2-49}$$

（3）通过统计的方法构建梯度方向直方图。在 HOG 的矩形检测窗口中，按一定比例进行等距离分块，每个块（block）又等距离分成若干个小单元（cell），如每个小单元为 6×6 个像素区域，假设采用 9 个 bin 的直方图来统计这 6×6 个像素的梯度信息，也就是将小单元的梯度方向 $180°$ 分成 9 个方向块。如果这个像素的梯度方向是 $20°\sim40°$，直方图第 2 个 bin 的计数就加一，这样，对小单元内每个像素用梯度方向在直方图中进行加权投影（映射到固定的角度范围），就能得到小单元的梯度方向直方图，即小单元对应的 9 维特征向量在每个小单元中统计固定角度范围内梯度方向之和，最后将每个小单元的统计直方图按顺序连接起来得到特征向量。

（4）特征的归一化。为了使 HOG 特征具有更强的鲁棒性，使用 $L2\text{-}norm$ 归一化方法，对每一个块进行特征向量归一化处理：

$$L2\text{-}norm: v \leftarrow \frac{v}{\sqrt{\|v\|_2^2 + \varepsilon^2}} \tag{2-50}$$

式中，v 是特征向量；$\|v\|_k$ 表示 v 的 k 阶范数，$k=1,2$；ε 是一个很小的常数，以避免分母为 0。

通过以上步骤能得到一个由 $\beta \times \varsigma \times \eta$ 个数据组成的高维向量，即 HOG 特征。其中 ς 和 η 分别表示块的个数和每个 block 中小单元的数目，β 表示每个小单元中 bin 的数目（梯度角度的划分区间数）。本节在用 HOG 特征进行行人检测时，检测窗口的尺寸为 128×64，其中 $\beta=9$，$\varsigma=105$，$\eta=4$，特征向量的维数是 3780 维。

综上所述，使用了图像预处理标准化和对统计的梯度信息进行归一化等操作，使得 HOG 特征可以适用于各种不同程度的光照环境。当对梯度强度信息进行统计时，局部的方向强度信息可以看作是精细抽样，不同的块、每个块内的单元格做特征相连可以看作是粗空域下的抽样。因此只要行人整体上保持直立的姿势，该特征是可以允许一定程度的姿态变化的，一些较轻微的动作几乎不影响 HOG 特征的特征值。其对图像的具体描述能力如图 2.47 所示。

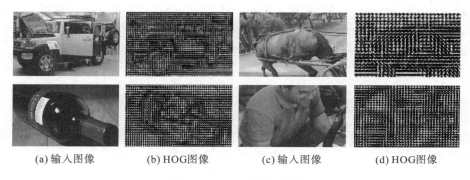

　　(a) 输入图像　　　　　(b) HOG图像　　　　　(c) 输入图像　　　　　(d) HOG图像

图 2.47　HOG 特征可视化

从图 2.47 中可以看出，HOG 特征描述算子是通过将原图像划分成大量局部区域，计算每个局部区域的边缘梯度方向，最后统计所有块的方向情况来让量化图像中的纹理信息用于识别。

2. V_edge_sym 特征

在行人检测中，HOG 特征以其优异的目标纹理描述能力和对光照以及局部变化不敏感特性被广泛应用于提取行人目标特征。HOG 特征在行人检测中，使算法对人体姿态千差万别、外观的差异、遮挡、所处背景环境不同以及天气、光照的影响有一定鲁棒性。但在多尺度检测窗口扫描中，HOG 特征不具备尺度不变特性，而且特征维数较高，在实际应用中运算量较大，不能用于快速检测。因此如何将 HOG 特征用于行人检测，并保证算法的实时性，一直是该领域的难点问题。近年来提出的各种改进的 HOG 特征虽然在一定程度上降低了维度，但同时也降低了 HOG 特征对行人目标的描述能力。

基于以上问题，本节提出了一种两级级联快速行人检测算法，即先用一个计算量更小的特征快速地排除掉大量的非行人区域，然后只对少量的可能是行人的区域用 HOG 特征提取目标信息用于精确分类。这样一来，在保证了算法精度、鲁棒性的同时，又大大提高了算法的速度，减少了计算量。受 Haar-like 特征启发，根据行人直立行走和左右对称的特性，有学者提出了竖直方向边缘特征，简称 V_edge_sym 特征。该特征的原理是先计算图像的竖直边缘信息，再根据行人直立行走的对称性计算差值。

图像边缘是一种重要的视觉信息，图像边缘检测是图像处理、图像分析和模式识别的基本步骤。由于边缘是图像上灰度变化最剧烈的地方，传统的边缘检测就是利用了这个特点，对图像各个像素点进行微分确定边缘像素点，其梯度为

$$G[f(x)] = \left[\left(\frac{\partial f}{\partial x} \right)^2 + \left(\frac{\partial f}{\partial y} \right)^2 \right]^{\frac{1}{2}} \tag{2-51}$$

式中，$f(x)$ 是图像的灰度值。为了运算简单，对于数字图像可以用一阶差分代替一阶微分，并且求梯度时对于平方和运算及开运算可以用两个分量的绝对值之和代替，如下：

$$G[f(x,y)] \approx \{[\Delta xf(x,y)]^2 + [\Delta yf(x,y)]^2\}^{\frac{1}{2}} \approx |\Delta xf(x,y)| + |\Delta yf(x,y)| \tag{2-52}$$

在边缘检测中，常用的一种模板是 Sobel 算子，它的特点是所求边缘具有很强的方向性，只对垂直与水平方向敏感，其他方向不敏感。算子包含两组 3×3 的矩阵，将之与图像作平面卷积，即可分别得出横向及纵向的差分近似值，即

$$\Delta xf(x,y) = \begin{bmatrix} -1 & 0 & +1 \\ -2 & 0 & +2 \\ -1 & 0 & +1 \end{bmatrix} * f(x,y), \quad \Delta yf(x,y) = \begin{bmatrix} +1 & +2 & +1 \\ 0 & 0 & 0 \\ -1 & -2 & -1 \end{bmatrix} * f(x,y) \tag{2-53}$$

为了快速排除非行人区域，利用行人直立行走先验知识，先要计算出待检测图像的垂直边缘图像信息，取其纵向分量为沿横向的边缘梯度（V_edge）算子，即

$$G[f(x)] = \begin{bmatrix} -1 & 0 & +1 \\ -2 & 0 & +2 \\ -1 & 0 & +1 \end{bmatrix} * f(x,y) \tag{2-54}$$

该算子实验结果如图 2.48 所示。

  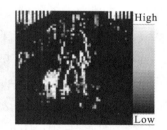

　　(a) 输入图像　　　　　　　　(b) 沿垂直方向的边缘图像　　　　　(c) 沿水平方向的边缘势能

图 2.48　沿竖直方向的 Sobel 算子效果

从图 2.48 不难看出，原图像通过沿横向的 Sobel 算子进行 3×3 模板滤波后，得到的边缘图像能很好地突出行人区域，并且行人区域的边缘势能明显高于大部分非行人区域。

根据行人的轮廓特点，本节采用类似 Haar-like 特征的边缘特征作为 V_edge_sym 特征的矩形模板，如图 2.49 所示。每个特征模板又分为两个等面积的矩形区域。矩形模板的大小等于行人检测窗口大小 64×128，在图像中扫描检测行人时，为了检测到不同大小的行人，利用该特征的尺度不变性，采用按一定比例缩放原图像的方法，对图像进行快速扫描。

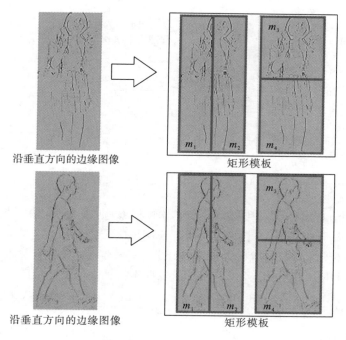

沿垂直方向的边缘图像　　　　　　　　　　　　矩形模板

沿垂直方向的边缘图像　　　　　　　　　　　　矩形模板

图 2.49　V_edge_sym 特征

　　V_edge_sym 特征是先对灰度图像进行沿垂直方向的边缘检测后，再分别统计两个矩形模板中不同区域的像素均值 m_i，最后计算两个区域的像素均值之差得到特征值 X，特征维数仅有 2 维：

$$X = (x_1, x_2) = \left[(m_1 - m_2), (m_3 - m_4) \right] \tag{2-55}$$

2.3.2　第一级分类算法

　　快速行人检测算法的第一级采用弱分类器，对图像进行多尺度扫描，快速判断每个检测窗口的位置是否可能出现行人，其根本目标是在不漏检测行人区域的前提下最大可能排除非行人区域。

　　根据行人直立行走特性，并且根据行人的对称性先验知识我们可以认为用 V_edge_sym 特征描述算子提取的行人目标在二维特征空间存在区域可分性。即不论行人是侧面还是正面，在特征矩形模板中像素均值 m_1 与 m_2 的差值范围不会太大，而水平矩形模板中 m_3 与 m_4 的差值范围应略大于前者。因此对大量的行人样本提取 V_edge_sym 特征，在 2 维特征空间统计其分布特性，得到结果如图 2.50 所示，特征值 X 越靠近特征空间坐标圆点，说明该区域的边缘图像对称性越好，越有可能是行人所在区域。

　　从图 2.50 中可以看出行人区域在归一化特征空间上近似沿椭圆区域分布，由此推导出判别函数和分类准则分别为

$$g(X) = \frac{x_1^2}{w_0^2} + \frac{x_2^2}{w_1^2} - 1, \qquad \begin{cases} X \in 0, g(X) < 0 \text{ 且 } m_1, m_2, m_3, m_4 > \delta \\ X \in 1, g(X) > 0 \end{cases} \tag{2-56}$$

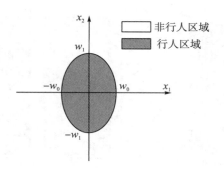

图 2.50　行人二维特征空间统计特性

计算出特征值 X 后，代入判别函数，输出小于 0，则 X 属于 "0" 类，说明该区域是行人区域；输出大于 0，则 X 属于 "1" 类，说明该区域是非行人区域。为了保证矩形模板区域边缘图像不为零并且排除噪声的干扰，设定矩形模板中不同区域的像素均值须大于阈值 δ。式(2-56)中系数 w_0 和 w_1 可以通过正负样本特征值的绝对值的监督训练获得：

$$w_0 = \frac{\max|X_1(1)| + \min|X_2(1)|}{2}, \qquad w_1 = \frac{\max|X_1(2)| + \min|X_2(2)|}{2} \tag{2-57}$$

式中，$X_1(1)$ 和 $X_1(2)$ 表示正样本的两个特征值；$X_2(1)$ 和 $X_2(2)$ 表示负样本的两个特征值。

2.3.3　第二级分类算法

第一级分类主要是为了排除非行人区域，减少计算量和提高算法检测速度，但其检测结果中仍有一大半属于非行人柱状目标，并不准确，因此为了提高算法的准确性，第二级分类器必须采用一种更为先进的分类算法。由于基于稀疏表示的分类方法对特征数据的局部丢失具有不敏感特性，并且拥有对高维特征的快速分类能力。因此第二级采用稀疏表示分类算法对可能有行人的区域进行精确检测。基于稀疏表示识别的基本思想是：将所有的训练样本组成过完备字典，测试样本用字典原子的线性组合来表示，由于表示系数中只有少数几个与其类别相关的元素非零，因此根据稀疏系数对应的标签就能够判断出测试样本的类别。本节首先分别从稀疏表示模型建立、稀疏系数求解、字典学习和分类识别四个方面介绍基于稀疏表示的识别方法，最后介绍 LC-KSVD 分类算法。

1. 基于稀疏表示的识别方法

近年来，稀疏表示成为研究热点，其在机器视觉、图像处理和模式识别等领域引起了广泛的关注。为了提高算法的检测精度和鲁棒性，本节采用基于稀疏表示的分类方法作为快速行人检测算法的第二级强分类器，首次将稀疏表示分类方法用于行人检测二分类问题，其分类原理如下所述。

假设行人为第一类，非行人为第二类，两个类别中有足够多的训练样本构成矩阵 $\boldsymbol{D}$，并且属于第一类的测试样本 y_1 被给定，那么具有共同类别属性的测试样本 y_1 就可以近似地由第一类训练样本的线性组合表示为

$$y_1 = x_{11}a_{11} + x_{12}a_{12} + \ldots + x_{1n}a_{1n} \quad (x_{1j} \in \mathbf{R}; \; j=1,2,\cdots,n) \tag{2-58}$$

　　对于任意的测试样本来说，其类别我们并不知晓，因此用于分类计算的样本字典是由两类训练样本集中所有样本共同构成的矩阵：

$$\boldsymbol{D}=\left[\boldsymbol{D}_1,\boldsymbol{D}_2\right]=\left[d_{11},d_{12},\cdots,d_{1n},\cdots,d_{21},\cdots,d_{2n}\right] \tag{2-59}$$

　　因此任意测试样本 y_0 就可以表示为字典的线性组合：

$$y_0 = \boldsymbol{D}x_0 \tag{2-60}$$

式中，$x_0=\left[0,0,\cdots,0,x_{i1},\cdots,x_{in},0,\cdots,0\right]^{\mathrm{T}}\in\mathbf{R}^m$ 是一个很稀疏的系数向量。由 x_0 就可以获取 y_0 的类别属性信息。

　　显然，如果 $m>n$，对应的方程组是过定的，向量 x 唯一确定。但对于实际的识别分类问题，经过降维之后的样本构成的方程组是典型欠定的，因此解并不唯一。由稀疏表示和压缩感知理论表明，如果向量 x 足够稀疏，那么求稀疏解个数 L_0 范数的问题就可以转换为求 L_1 范数问题，即为

$$\hat{x}_1 = \arg\min\|x\|_1, \quad \text{s.t.}\|y-\boldsymbol{D}x\|_2 \leqslant \varepsilon \tag{2-61}$$

　　L_1 范数最小化问题是一个凸优化问题，可以通过标准的线性规划方法和二阶锥规划方法求得精确的数值解。将稀疏系数求解问题转化为 L_p 范数优化问题后，可以使用多种方法进行求解。目前，主流稀疏系数求解方法主要分为两类，一类是贪婪算法，主要包括匹配追踪(matching pursuit，MP)算法、正交匹配追踪(orthogonal matching pursuit，OMP)算法等；另一类是松弛优化算法，主要包括基追踪(basis pursuit，BP)算法和基追踪去噪(basis pursuit de-noising，BPDN)算法等。

　　大量研究表明，贪婪算法无法对所有信号实现精确的重构，但是因其快速的稀疏编码优势，在许多实际应用中被广泛采用。本节采用的是 OMP 算法，它是基于 MP 的一种改进算法，对之后出现的其他匹配追踪改进算法有着巨大的影响和启发。

　　MP 算法通过反复迭代选择原子来不断逼近原始信号，算法在每一次迭代中选择与当前信号残差最匹配的原子，最终就可以用这些原子的线性组合来表示原始信号。由于每次选择的原子集合与信号不是正交的，因此不能保证每次迭代选择的结果都是最优的，并且收敛的速度很慢。OMP 算法和 MP 算法原子选择的方法相同，但是在迭代过程中对选择的原子加入了施密特正交化处理，从而解决了 MP 算法局部最优和收敛速度慢的问题。OMP 算法的具体步骤可以表示为：

　　(1)输入过完备字典 $A=[a_1,a_2,\cdots,a_N]$、测试样本 y 以及稀疏度 T；

　　(2)初始化残差 $r_0=y$，索引集 $\Lambda_0=\varphi$，迭代次数 $t=1$；

　　(3)求与残差最匹配的列 a_i 所对应的索引号：

$$\lambda_t = \arg\max_i |\langle r_{t-1},a_i\rangle| \tag{2-62}$$

　　(4)更新索引集 $\Lambda_t=\Lambda_{t-1}\bigcup\{\lambda_t\}$，记录选择到的原子矩阵 $\boldsymbol{A}_t=\{\boldsymbol{A}_{t-1},a_{\lambda_t}\}$；

　　(5)由最小二乘法计算 x_t：

$$x_t = \arg\max_x \|y-\boldsymbol{A}_t x\|_2^2 = (\boldsymbol{A}_t^{\mathrm{T}}\boldsymbol{A}_t)^{-1}\boldsymbol{A}_t^{\mathrm{T}}y \tag{2-63}$$

　　(6)更新残差：

$$r_t = y-\boldsymbol{A}_t x_t = y-\boldsymbol{A}_t(\boldsymbol{A}_t^{\mathrm{T}}\boldsymbol{A}_t)^{-1}\boldsymbol{A}_t^{\mathrm{T}}y \tag{2-64}$$

(7) 如果 $t < T$，则 $t = t + 1$，跳转第 (3) 步；

(8) 输出稀疏系数：

$$x = A_t (A_t^{\mathrm{T}} A_t)^{-1} A_t^{\mathrm{T}} y \tag{2-65}$$

当假定测试样本所在类的训练样本数足够多时，测试样本则可由这些训练样本进行线性表示，而其他类的样本对重构该测试样本的贡献为 0，从而将识别问题转化为稀疏表示问题，这样，分类器的训练便等同于稀疏表示中超完备字典的建立。

2. K-SVD 字典学习算法

字典构造是稀疏表示理论的重要内容之一，直接影响其对信号稀疏表示的效果。原始的稀疏表示分类算法将整个训练样本集作为字典，然而在实践中为了获得好的分类效果，需要大规模的训练样本集，从而导致计算量很大。如何学习一个能够表示给定信号的紧凑字典成为稀疏表示理论的热点研究问题。

字典学习在稀疏编码的基础上增加了字典原子的更新，模型的目标函数是非凸的，通常采用交替优化两个未知变量的方式进行求解，常见的字典学习算法包括最优方向法 (method of optimal directions，MOD) 和 K-SVD 算法等。

MOD 算法在稀疏编码和字典学习的过程中交替迭代，它通过稀疏优化算法进行稀疏编码，然后通过整体求导进行字典更新，由于存在矩阵的求逆运算，计算复杂度较大。K-SVD 算法避免使用矩阵的逆，通过奇异值分解的方法对字典逐列进行更新，减小了计算复杂度，并且同时更新现有的原子和与之相关的系数，使得算法的效率更加突出，算法在图像去噪和图像压缩等领域被广泛采用，下面对 K-SVD 算法进行详细阐述。

K-SVD 算法通过 K 次奇异值分解逐列更新字典原子，假设 D 和 X 是固定的，d_k 是将要更新的第 k 列字典原子，x_T^k 是与之相应的第 k 行稀疏系数，那么模型的逼近项可以表示为

$$\| Y - DX \|_2^2 = \left\| Y - \sum_{i=1}^{K} d_i x_T^i \right\|_2^2 = \left\| Y - \sum_{i \neq k} d_i x_T^i - d_k x_T^k \right\|_2^2 = \| E_k - d_k x_T^k \|_2^2 \tag{2-66}$$

式中，E_k 是残差矩阵。如果直接对 E_k 进行奇异值分解来更新 d_k 和 x_T^k，得到的 x_T^k 中大多数元素非零，所以更新得到的 d_k 不能满足稀疏约束条件。考虑到更新后 x_T^k 中非零元素的数目和位置与原来的不同，为了避免引入新的非零项，将 x_T^k 中所有的 0 元素去掉，仅保留其中的非零值，再将奇异值分解进行更新。

定义集合 $\omega_k = \{i \mid 1 \leqslant i \leqslant N, x_T^k \neq 0\}$ 为用到 d_k 的所有信号 $\{y_i\}$ 对应的索引集，即 x_T^k 中非零元素对应的索引集。定义 Ω_k 为 $N \times |\omega_k|$ 的矩阵，该矩阵在 $(\omega_k(i), i)$ 处为 1，其他位置为 0。定义 $x_R^k = x_T^k \Omega_k \in \mathbf{R}^{|\omega_k|}$ 和 $E_R^k = E_k \Omega_k \in \mathbf{R}^{m \times |\omega_k|}$，则两者分别是 x_T^k 和 E_k 去掉零输入后的收缩结果，此时对 E_R^k 进行奇异值分解，得到的 $\hat{x}_T^k$ 和原来的 x_T^k 有相同的支撑，因此可以将式 (2-66) 的求解问题转化为对式 (2-67) 的求解：

$$\| E_k \Omega_k - d_k x_T^k \Omega_k \|_2^2 = \| E_R^k - d_k x_R^k \| \tag{2-67}$$

对 E_R^k 进行奇异值分解，$E_R^k = U \Delta V^{\mathrm{T}}$，此时 U 的第一列是更新后的 d_k，V 的第一列与 $\Delta(1,1)$ 的乘积是更新后的 $\hat{x}_T^k$。在完成字典的逐列更新后，用新的字典进行稀疏编码，并

判断是否满足迭代终止条件，即重构信号与原信号之间的误差值足够小或者达到预先设置的最大迭代次数，以便决定迭代是否继续。

综上所述，K-SVD 算法的具体步骤可以分为 7 步。

(1) 输入训练样本集 Y 和稀疏度 T；

(2) 初始化字典 $D=D_0$ 和迭代次数 $k=1$，其中 $D_0 \in \mathbf{R}^{m \times K}$ 是服从高斯分布的随机字典；

(3) 稀疏编码为

$$X = \arg\min_{X} \|Y - DX\|_2^2, \quad \text{s.t.} \forall i, \|x_i\|_0 \leqslant T \tag{2-68}$$

(4) 计算残差矩阵为

$$E_k = Y - \sum_{i \neq k} d_i x_T^i \tag{2-69}$$

(5) 计算 E_k 的收缩结果为

$$E_R^k = E_k \Omega_k \tag{2-70}$$

(6) 对 E_R^k 进行 SVD 分解，$E_R^k = U \Delta V^t$，同时更新 d_k 和 x_R^k；

(7) 令 $k=k+1$，判断是否满足迭代终止条件，如果满足则输出字典 D，不满足则跳转第 (3) 步。

3. LC-KSVD 字典学习算法

LC-KSVD 字典学习算法是建立在 K-SVD 算法基础上的一种改进算法，又称为基于标签一致的 K-SVD 字典学习算法。本节采用该算法训练第二级强分类器。为了准确识别待检测图像块 (64×128) 是不是行人，提取其 3780 维的 HOG 特征用 y 表示。而在稀疏表示中，同理 y 可以由字典的线性组合表示为

$$y = Dx \tag{2-71}$$

其中，字典 D 可以通过正负样本训练得到。如果待检测图像块属于行人，则 y 应该由字典 D 中的正样本构成的列向量线性表示，反之亦然。基于像素级的稀疏编码和基于 HOG 的稀疏编码原理是一样的，从数学模型的角度来看，差别仅在于特征的维数不同，如果用原图像像素级数据而不提取 HOG 特征，在 64×128 的检测窗口下 y 需要 8192 维表示。

将稀疏表示方法用于行人检测，首先建立超完备字典，LC-KSVD 是一种基于聚类的字典学习算法，为了得到具有判别性的稀疏系数，在 K-SVD 的基础上加入了标签一致项，其字典训练模型为

$$D = \arg\min_{D,A,X} \|Y - DX\|_2^2 + \alpha \|Q - AX\|_2^2, \quad \text{s.t.} \forall i, \|x_i\|_0 \leqslant T \tag{2-72}$$

式中，A 是线性变换矩阵；Q 是输入信号 Y 的判别式的稀疏系数矩阵，是正则化参数。$\|Q - AX\|_2^2$ 表示判别式稀疏误差，用于约束稀疏系数矩阵 X，使其更具有判别性。

式 (2-72) 的求解是一个 NP-hard 问题，其中字典 $D = [d_1, d_2, \cdots, d_k] \in \mathbf{R}^{3780 \times k}$ 和稀疏系数 $X = [x_1, x_2, \cdots, x_N] \in \mathbf{R}^{k \times N}$ 都是待求解量，k 是字典列数，N 是样本个数。因此，字典 D 的训练是一个迭代优化的过程，迭代步骤如下。

(1)初始化参数 D_0 、 α 和 A_0 ；

(2)固定 D_0 ，通过式(2-72)并采用正交匹配跟踪算法计算得到在字典 D_0 上训练样本 Y 的最优稀疏表示系数矩阵 X_0 ；

(3)依据稀疏系数 X_0 ，通过式(2-72)更新字典 D_0 得到字典 D_1 ；

(4)判断迭代次数是否达到预设值，如果没有，返回第(2)步，否则结束迭代。最终得到大小为 $3780 \times k$ 的全局最优分类字典 D 作为第 2 级强分类器。

现实中噪声和求解等误差的存在使得非零元素与多个类别相关，可以根据稀疏系数中最大元素的位置来判断测试样本的类别，但是这种分类方法并没有充分利用与测试样本相关的训练样本集。因此很多基于稀疏表示的分类算法通过比较待测样本在每一个类别上的重构误差进行分类。分类识别时，通过式(2-72)在字典 D 上对 y 进行稀疏编码得到稀疏系数 x ，最后通过重构误差进行分类，判断 y 的类别为

$$l = \arg\min_i [r_i(y) = \parallel y - D\delta_i(\hat{x}) \parallel_2], \ i \in \{0,1\} \tag{2-73}$$

式中， $\delta_i(\hat{x})$ 表示与类别 i 相关的稀疏系数， i 为"0"表示行人， i 为"1"表示非行人。

图 2.51 是稀疏表示行人检测的一个示例，图 2.51(a)显示了 INRIA 数据库中的一张行人待检测图像，图 2.51(b)显示了图像对应的稀疏系数，可以看出系数中最大的几个元素对应着字典中带有行人标签的列，图 2.51(c)显示了图像在每一个列上的重构误差，通过重构误差最小，明显可以看出待检测图像应该主要由图 2.51(b)显示的 3 个稀疏系数对应的图像表示，而这 3 个列对应的标签都是"0"，因此可以判定该图像是行人图像。

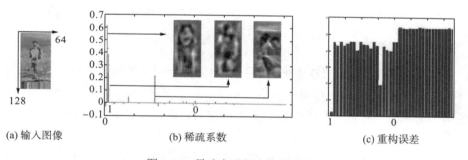

(a) 输入图像　　　　　　　(b) 稀疏系数　　　　　　　(c) 重构误差

图 2.51　稀疏表示行人检测示例

2.3.4　实验结果与分析

实验包括三个部分：首先比较 HOG 特征与其他常用特征在第二级分类算法中的分类能力；然后测试每级分类器的分类性能；最后将本书的行人检测算法与传统行人检测算法进行比较。

实验平台：3.4GHz i3-3240 CPU，2GB RAM，Windows 7。

算法编译环境：Visual Studio 2010，OpenCV 2.4，MATLAB 2013a。

1. 行人特征性能对比

采用基于 LC-KSVD 字典学习的稀疏表示分类算法,在 INRIA 行人数据库上,比较常用的行人检测描述算子:HOG 特征、CENTRIST 特征、ICS_CENTRIST 特征、LBP 特征和 Gabor 特征的性能。将数据库训练集中的 2416 张行人图像和随机提取的 2416 张非行人图像组成训练集,分别提取特征并训练得到各自的分类字典。将数据库测试集中的 1126 张行人图像和随机提取的 1126 张非行人图像构成测试集。为了分析不同特征在行人遮挡情况下的鲁棒性,按 25% 的面积比例对原测试集中的正样本图像进行随机遮挡处理,得到第 2 个测试集。查准率-查全率(precision recall,PR)曲线如图 2.52 所示。

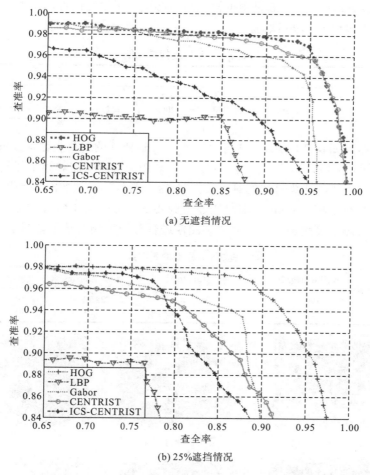

图 2.52　使用 LC-KSVD,5 种特征在不同情况下的分类能力比较

图 2.52(a) 是无遮挡的情况,HOG 和 CENTRIST 特征的分类效果最好,LBP 特征分类效果最差,不适用于本节分类算法。其中 CENTRIST 的特征维数很高,达到了像素级,不便于快速运算,而 ICS_CENTRIST 特征的维数虽然比 CENTRIST 特征降低了很多,但分类能力也有所降低;图 2.52(b) 是 25% 遮挡的情况,可以发现 CENTRIST 和 Gabor 的分

类能力明显降低，相比于其他特征，HOG 特征的分类效果受遮挡影响最小，而其他特征在出现行人遮挡时，区分能力变差。

HOG 特征维数较多，本书选用 HOG 特征作为第二级精确检测的行人描述算子，在保证检测率的同时，提高算法对遮挡情况的鲁棒性。

2. 分类器效果测试

为了检验两级分类器的分类效果和时间，从 INRIA 数据库中随机抽取 100 张测试图像，尺度统一为 640×480，进行分步检测实验，多尺度扫描比例如表 2-7 所示，多尺度扫描层数为 8 层，为了达到快速检测的目的，根据递增的原则，在实验的基础上确定了各层的缩放比例，最大缩放比例 3.6 是根据检测窗口必须小于检测图像确定的，在第 1 级检测中多尺度扫描总次数为 2190 次。

表 2-7   多尺度扫描比例

尺度变换层数/层	1	2	3	4	5	6	7	8
图像缩放比例	1	1.1	1.4	1.7	2	2.5	3	3.6
检测窗口数/个	792	660	350	200	112	48	20	8

分步检测结果如表 2-8 所示。基于 V_edge_sym 特征的弱分类器在 30ms 内平均排除了 96.9%的非行人区域，漏检率仅为 0.43%；在第 2 级检测中需对第 1 级的检测结果提取 3780 维的 HOG 特征，计算时间相对较长，对 68 个行人窗口进行分类平均用时 40.21ms。每张图像平均耗时不超过 69ms，满足快速检测要求。因此第 1 级分类器排除的非行人区域越多，算法检测速度越快。对部分测试图像进行分步检测的结果如图 2.53 所示。

表 2-8   分步检测结果

	检测窗口数/个	剩余窗口数/个	分类时间/ms	漏检率/%
第 1 级分类器	2190	68	28.72	0.43
第 2 级分类器	68	8	40.21	1.73

(a) 第1级检测结果

(b) 第2级检测结果

图 2.53   部分测试图像分布检测结果

从图 2.53 中可以看出，第 1 级分类器的检测结果主要分布在沿竖直方向边缘势能高和边缘图像有一定对称性的区域，行人基本上不会漏检。第 2 级分类器采用基于稀疏表示的分类方法能识别出具有行人特征的目标区域，使得行人所在区域通常被多个检测窗口覆盖，而误识别的窗口往往是单独出现，因此检测窗口覆盖越多的区域，置信度越高，反之亦然。

3. 两级级联快速行人检测算法结果比较

在 INRIA 数据库测试集的 288 张图像(包含 1126 个行人)上进行检测，采用非最大抑制方法对检测结果进行融合，得到最终的行人检测区域和置信度，并与主流行人检测算法：Haar+AdaBoost、CENTRIST+C4、HOG+SVM 和 HIKSVM 进行比较，实验结果如图 2.54 所示。

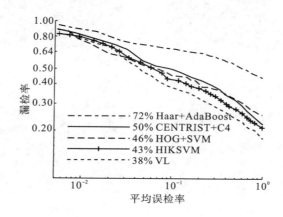

图 2.54　本节算法与主流行人检测算法实验结果比较

曲线越靠近左下角，检测效果越好，从图 2.54 中可以看出，本节提出的 V_edge_sym+LC-KSVD(VL)算法效果最好，对数平均漏检率为 38%，比效果最差的 Haar+AdaBoost 算法漏检率下降了 34 个百分点；与 CENTRIST+C4 算法、HOG+SVM 算法和 HIKSVM 算法相比，本节算法漏检率分别下降了 12 个百分点、8 个百分点和 5 个百分点。处理 640×480 大小的图像，HOG+SVM 算法平均用时 350ms，CENTRIST+C4 算法平均用时 100ms，而本节算法仅用时 69ms，满足快速检测要求。

本节算法第二级基于 HOG+稀疏表示对行人进行精确检测，对行人遮挡问题有很好的鲁棒性。如图 2.55 所示，对测试图像做随机遮挡处理，当行人区域大于 2 倍检测窗口时，能检测出被遮挡面积不超过 50%的行人。

本节提出一种两级级联结构的快速行人检测算法，基于行人的直立行走和对称特性，提出一种新的行人特征描述子，并根据行人的统计特性，在第一级快速排除大量非行人区域；基于 HOG 特征和稀疏表示对遮挡、光照变化等的鲁棒性，第二级采用 HOG+稀疏表示的分类方法进行精确检测，在与主流算法的比较中，可以发现这种两级级联的行人检测方案对复杂背景的行人检测具有鲁棒性，在保证检测准确性的同时提高了检测速度。

(a) 遮挡前第2级检测结果

(b) 遮挡前最终检测结果

(c) 遮挡后第2级检测结果

(d) 遮挡后最终检测结果

(e) 遮挡前第2级检测结果

(f) 遮挡前最终检测结果

(g) 遮挡后第2级检测结果

(h) 遮挡后最终检测结果

图 2.55　部分遮挡实验结果

第三章　基于统计特征的人体目标识别方法

3.1　基于稀疏表示的静态人脸识别

人脸识别是基于生物特征身份识别的重要组成部分，与采用其他生物特征的识别方法相比，人脸识别具有直观、非接触性、设备成本低、自然交互性及事后追踪能力强等优点（山世光，2004），从而得到了广泛的应用。银行和商场的视频监控系统、机场和海关的身份验证系统，以及手机和电脑等设备的登录系统都用到了人脸识别技术。

基于统计特征的人脸识别方法主要分为三大类：第一类是基于几何特征的方法，如模板匹配法和弹性图匹配法等；第二类是基于子空间的方法，如主成分分析法、独立分量分析法和线性判别分析法等；第三类是基于学习的方法，如神经网络方法和稀疏表示方法等。基于学习的人脸识别对具体的应用针对性强，在人脸识别领域占有重要的地位。受人类视觉皮层存在稀疏编码的启发，Olshausen 和 Field(1996)提出了一种对信号更为有效的表示方法即稀疏表示，它通过少数几个字典原子的线性组合就能对信号进行很好的描述，也就是说利用少数的资源来表示我们感兴趣的重要信息。近年来，信号的稀疏表示理论成为学术界的热点研究问题，并被成功地应用到图像压缩、图像去噪、图像恢复和目标识别等领域(Huang and Aviyente，2006)。Wright 等(2009)首次将稀疏表示理论应用到人脸识别技术中，将待测人脸用训练样本集的线性组合来表示，然后根据与每一个类别的重构误差来判断测试样本的身份，该方法对特征选择不敏感。

不同于传统的人脸识别方法，基于稀疏表示的人脸识别方法对光照、表情、伪装、小的姿态变化等都有较好的鲁棒性，能达到很好的识别效果。本节在分析总结基于稀疏表示的人脸识别方法的原理后，从特征提取和字典学习两个角度出发，研究了两种改进的稀疏表示人脸识别算法。

3.1.1　基于稀疏表示的人脸识别方法的基本原理

稀疏表示的人脸识别方法包括稀疏表示模型建立、稀疏系数求解、字典学习和分类识别四个方面。稀疏系数求解和字典学习是稀疏表示人脸识别的核心内容，其重点是正交匹配追踪(OMP)算法和 K-SVD 算法(稀疏表示的识别方法详见 2.3.3 节)。

稀疏表示的人脸识别方法具体步骤可以表示如下。

(1)输入训练样本集 $A=[A_1,A_2,\cdots,A_k]\in \mathbf{R}^{m\times n}$ 以及测试样本 $y\in \mathbf{R}^m$；

(2)对字典 A 的每一列进行归一化；

(3)对 y 进行稀疏编码：

$$\hat{x}_0 = \arg\min\|x\|_0, \quad \text{s.t. } y=Ax \text{ 或者 } \hat{x}_1 = \arg\min\|x\|_1, \quad \text{s.t. } y=Ax \tag{3-1}$$

(4) 分别计算 y 在每一个类别上的重构误差：

$$r_i(y) = \|y - A_i \delta_i(\hat{x})\|_2 \tag{3-2}$$

(5) 比较重构误差，输出 y 的类别：

$$\text{identity}(y) = \arg\min_i r_i(y) \tag{3-3}$$

3.1.2 基于 GLC-KSVD 的稀疏表示人脸识别算法

针对全局特征对光照、表情和姿态等复杂变化鲁棒性差，不能很好地描述人脸特征，以及学习多个与类别相关的字典会导致计算复杂度高等问题，本节研究了增强 Gabor 特征结合标签一致字典学习的稀疏表示人脸识别算法，对原始的标签一致字典学习算法进行改进。首先提取人脸的增强 Gabor 特征初始化特征字典；然后在具有判别性的特征集上进行标签一致字典学习，通过优化求解同时得到全局最优的判别字典和线性分类器；标签一致约束提高了稀疏系数的判别性，使得来自同一类别的样本具有相似的稀疏系数，通过一个简单的线性分类器就能得到良好的分类性能，提高了识别的速度。实验结果表明该算法具有较高的识别效率，并且提高了原始标签一致字典学习的人脸识别精度。

1. 提取增强 Gabor 特征

通常选取 5 个尺度（$\nu = 0,1,2,3,4$）和 8 个方向（$\mu = 0,1,2,3,4,5,6,7$）构造 Gabor 滤波器组，然后分别与人脸图像进行卷积提取 Gabor 特征。

增强的 Gabor 特征是在能量矩阵分块 $M_{\mu,\nu}(z)$ 的基础上得到的，不仅保留了图像的结构信息，而且使局部能量分布更加集中，有效地增强了局部特征。图 3.1(a) 是一幅人脸图像，图 3.1(b) 是人脸图像经过 Gabor 变换后得到的一个能量矩阵，图 3.1(c) 显示了这个能量矩阵进行分块后得到的结果，图像的亮度代表了局部能量的大小。由图 3.1(c) 可以看出，各子块包含着明显的局部能量信息，很好地保存了眼睛、鼻子和嘴巴等重要部位的信息分布。

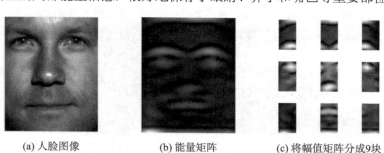

(a) 人脸图像　　　(b) 能量矩阵　　　(c) 将幅值矩阵分成9块

图 3.1　基于 Gabor 变换的能量子块

原始的 Gabor 特征是将图 3.1(b) 所示的能量矩阵直接按列连接得到的，使得结构信息和能量分布都比较分散；而增强的 Gabor 特征先将各子块向量化构成局部能量特征向量，再将这些局部向量级联起来构成全局能量特征向量，其中每一个局部特征向量对应着人脸的相应重要部位，所以由此得到的增强 Gabor 特征保存了人脸各个重要部位的局部信息，而且使局部能量分布更加集中。

对于大小为 $M \times N$ 的人脸图像 I，经过 Gabor 变换得到 40 个与其大小相同的能量矩阵 $\boldsymbol{M}_{\mu,v}(z)$，对 $\boldsymbol{M}_{\mu,v}(z)$ 进行抽样因子 ρ 下采样，得到大小为 $\dfrac{M}{\rho} \times \dfrac{N}{\rho}$ 的 $\boldsymbol{M}'_{\mu,v}(z)$；然后将 $\boldsymbol{M}'_{\mu,v}(z)$ 分块得到 9 个大小为 $\dfrac{M}{3\rho} \times \dfrac{N}{3\rho}$ 的能量子块 $M'^{(m \times n)}_{\mu,v}(z)$，其中 $m = 1,2,3$，$n = 1,2,3$，对每个 $M'^{(m \times n)}_{\mu,v}(z)$ 分别进行向量化，再将这 9 个列向量级联起来构成不同尺度和方向下的能量特征向量：

$$\alpha'_{\mu,v} = [(\alpha'^{(1,1)}_{\mu,v})^{\mathrm{T}}, \cdots, (\alpha'^{(3,1)}_{\mu,v})^{\mathrm{T}}, (\alpha'^{(1,2)}_{\mu,v})^{\mathrm{T}}, \cdots, (\alpha'^{(3,2)}_{\mu,v})^{\mathrm{T}}, (\alpha'^{(1,3)}_{\mu,v})^{\mathrm{T}}, \cdots, (\alpha'^{(3,3)}_{\mu,v})^{\mathrm{T}}]^{\mathrm{T}} \tag{3-4}$$

式中，$\alpha'^{(m,n)}_{\mu,v}$ 是第 m 行第 n 列的子块 $M'^{(m \times n)}_{\mu,v}(z)$ 按列连接得到的向量；最后将这 40 个 α'_i 级联起来构成增强的 Gabor 特征向量：

$$\chi' = [\alpha_1'^{\mathrm{T}}, \alpha_2'^{\mathrm{T}}, \cdots \alpha_i'^{\mathrm{T}}, \cdots, \alpha_{40}'^{\mathrm{T}}]^{\mathrm{T}} \tag{3-5}$$

2. GLC-KSVD 算法

GLC-KSVD 算法用训练样本增强的 Gabor 特征向量 χ' 代替原始训练样本来初始化特征字典 $\boldsymbol{G} = \chi'(Y) = [\chi'(y_1), \chi'(y_2), \cdots, \chi'(y_N)]$，在传统的字典学习模型中加入标签一致约束，然后通过 K-SVD 算法进行优化求解，得到一个同时具有重构性和判别性的字典。下面分别在传统的字典学习模型中加入标签一致正则项（GLC-KSVD1 算法）及标签一致结合分类误差的正则项（GLC-KSVD2 算法）。

1）GLC-KSVD1 算法

为了提高稀疏系数的判别性，在特征字典 $\boldsymbol{G}$ 的学习模型中加入标签一致正则项，GLC-KSVD1 字典学习模型可以表示为

$$< \boldsymbol{D}, \boldsymbol{A}, \boldsymbol{X} > = \arg \min_{D,A,X} \| \boldsymbol{G} - \boldsymbol{DX} \|_2^2 + \alpha \| \boldsymbol{Q} - \boldsymbol{AX} \|_2^2, \quad \text{s.t.} \forall i, \| x_i \|_0 \leqslant T \tag{3-6}$$

式中，α 是正则化参数，$\boldsymbol{Q} = [q_1, q_2, \cdots, q_N] \in \mathbf{R}^{K \times N}$ 是输入信号 $\boldsymbol{G}$ 的判别式稀疏系数矩阵，$\boldsymbol{A}$ 是线性变换矩阵，$\| \boldsymbol{Q} - \boldsymbol{AX} \|_2^2$ 表示判别式稀疏编码误差。假设 $\boldsymbol{G} = [\chi_1', \chi_2', \cdots, \chi_6']$，$\boldsymbol{D} = [d_1, d_2, d_3, d_4]$，其中 χ_1'、χ_2'、χ_3'、d_1、d_2 属于类别 1，χ_4'、χ_5'、χ_6'、d_3、d_4 属于类别 2，那么 $\boldsymbol{Q} = \begin{bmatrix} 1 & 1 & 1 & 0 & 0 & 0 \\ 1 & 1 & 1 & 0 & 0 & 0 \\ 0 & 0 & 0 & 1 & 1 & 1 \\ 0 & 0 & 0 & 1 & 1 & 1 \end{bmatrix}$。

稀疏编码误差项使得在任意字典大小下编码系数都具有很强的判别性，来自同一类别的信号具有相似的稀疏系数，只需要一个简单的线性分类器就能得到良好的分类性能，同时也提高了识别的速度。

2）GLC-KSVD2 算法

为了提高线性分类器的性能，在式（3-6）中加入分类误差正则项，GLC-KSVD2 字典学习模型可以表示为

$$< \boldsymbol{D}, \boldsymbol{W}, \boldsymbol{A}, \boldsymbol{X} > = \arg \min_{D,W,A,X} \| \boldsymbol{G} - \boldsymbol{DX} \|_2^2 + \alpha \| \boldsymbol{Q} - \boldsymbol{AX} \|_2^2 + \beta \| \boldsymbol{H} - \boldsymbol{WX} \|_2^2$$
$$\text{s.t.} \forall i, \| x_i \|_0 \leqslant T \tag{3-7}$$

式中，α、β 是正则化参数，$\boldsymbol{H}=[h_1,h_2,\cdots,h_N]\in \mathbf{R}^{m\times N}$ 是输入信号 $\boldsymbol{G}$ 的类别矩阵，其中 $h_i=[0,0,\cdots,1,\cdots,0,0]$ 表示非零元素的位置对应 χ_i' 所属的类别，$\boldsymbol{W}$ 是线性分类器参数，$\|\boldsymbol{H}-\boldsymbol{WX}\|_2^2$ 表示分类误差，它使学习到的字典对于分类来说是最优的。

3）优化求解

下面介绍 GLC-KSVD2 的优化求解方法，GLC-KSVD1 可以使用相似的方法，GLC-KSVD2 优化求解模型可以表示为

$$< \boldsymbol{D},\boldsymbol{W},\boldsymbol{A},\boldsymbol{X}>=\arg\min_{\boldsymbol{D},\boldsymbol{W},\boldsymbol{A},\boldsymbol{X}}\left\|\begin{pmatrix}\boldsymbol{G}\\\sqrt{\alpha}\boldsymbol{Q}\\\sqrt{\beta}\boldsymbol{H}\end{pmatrix}-\begin{pmatrix}\boldsymbol{D}\\\sqrt{\alpha}\boldsymbol{A}\\\sqrt{\beta}\boldsymbol{W}\end{pmatrix}\boldsymbol{X}\right\|_2^2,\quad \text{s.t.}\forall i,\|x_i\|_0 \leqslant T \tag{3-8}$$

令 $\boldsymbol{G}_{\text{new}}=(\boldsymbol{G}^{\text{T}},\sqrt{\alpha}\boldsymbol{Q}^{\text{T}},\sqrt{\beta}\boldsymbol{H}^{\text{T}})^{\text{T}}$、$\boldsymbol{D}_{\text{new}}=(\boldsymbol{D}^{\text{T}},\sqrt{\alpha}\boldsymbol{A}^{\text{T}},\sqrt{\beta}\boldsymbol{W}^{\text{T}})^{\text{T}}$，其中 $\boldsymbol{D}_{\text{new}}$ 的各列是 L2 范数归一化的，则式 (3-8) 变化为

$$< \boldsymbol{D}_{\text{new}},\boldsymbol{X}>=\arg\min_{\boldsymbol{D}_{\text{new}},\boldsymbol{X}}\|\boldsymbol{G}_{\text{new}}-\boldsymbol{D}_{\text{new}}\boldsymbol{X}\|_2^2,\quad \text{s.t.}\forall i,\|x_i\|_0 \leqslant T \tag{3-9}$$

式 (3-9) 可以通过 K-SVD 算法求得 $\boldsymbol{D}_{\text{new}}$，进而同时得到 $\boldsymbol{D}$、$\boldsymbol{A}$、$\boldsymbol{W}$。该方法有效地解决了局部最优的问题，也便于加入其他的判别项。

这里首先需要初始化参数 $\boldsymbol{D}_0$、$\boldsymbol{A}_0$ 和 $\boldsymbol{W}_0$。对于 $\boldsymbol{D}_0$ 的初始化需要先对每一个类别分别进行 K-SVD 字典学习，然后合并所有学习到的子字典，其中每一类字典原子的数目是一致的，每个原子 d_k 的类别标签被初始化为相应的类别号，且在整个字典学习过程中保持不变。对于 $\boldsymbol{A}_0$ 采用多元岭回归模型进行初始化，模型可以表示为

$$\boldsymbol{A}=\arg\min_{\boldsymbol{A}}\|\boldsymbol{Q}-\boldsymbol{AX}\|^2+\lambda_1\|\boldsymbol{A}\|_2^2 \tag{3-10}$$

模型 (3-10) 中 λ_1 是正则化参数，其解可以表示为

$$\boldsymbol{A}=(\boldsymbol{XX}^{\text{T}}+\lambda_1\boldsymbol{I})^{-1}\boldsymbol{XQ}^{\text{T}} \tag{3-11}$$

对于 $\boldsymbol{W}_0$ 采用与 $\boldsymbol{A}_0$ 相同的模型进行初始化，其解可以表示为

$$\boldsymbol{W}=(\boldsymbol{XX}^{\text{T}}+\lambda_2\boldsymbol{I})^{-1}\boldsymbol{XH}^{\text{T}} \tag{3-12}$$

初始化 $\boldsymbol{D}_0$ 后，通过 K-SVD 算法求解稀疏系数矩阵 $\boldsymbol{X}$，然后分别通过式 (3-11) 和式 (3-12) 初始化 $\boldsymbol{A}_0$ 和 $\boldsymbol{W}_0$。

GLC-KSVD2 算法的具体步骤可以分为五步。

（1）输入 $\boldsymbol{G}$、$\boldsymbol{Q}$、$\boldsymbol{H}$、α、β、T、$\boldsymbol{K}$。

（2）初始化 $\boldsymbol{D}_0$：对每一个类别分别进行 K-SVD 字典学习，然后合并所有学习到的子字典。

（3）初始化 $\boldsymbol{A}_0$ 和 $\boldsymbol{W}_0$：在 $\boldsymbol{D}_0$ 上对 $\boldsymbol{G}$ 进行稀疏编码得到 $\boldsymbol{X}_0$，然后分别通过式 (3-11) 和式 (3-12) 初始化 $\boldsymbol{A}_0$ 和 $\boldsymbol{W}_0$。

（4）初始化 $\boldsymbol{G}_{\text{new}}$ 和 $\boldsymbol{D}_{\text{new}}$，然后通过 K-SVD 算法更新 $\boldsymbol{D}_{\text{new}}$，其中 $\boldsymbol{G}_{\text{new}}=\begin{pmatrix}\boldsymbol{G}\\\sqrt{\alpha}\boldsymbol{Q}\\\sqrt{\beta}\boldsymbol{H}\end{pmatrix}$，

$\boldsymbol{D}_{\text{new}}=\begin{pmatrix}\boldsymbol{D}_0\\\sqrt{\alpha}\boldsymbol{A}_0\\\sqrt{\beta}\boldsymbol{W}_0\end{pmatrix}$。

（5）输出 D、A、W：而在 GLC-KSVD1 算法中分类器参数 W 是分开计算的，首先通过式（3-9）求得 D、A 和 X，然后通过式（3-12）计算 W。

4）识别过程

对训练样本的特征集 G 进行字典学习得到 $D=\{d_1,d_2,\cdots,d_K\}$、$A=\{a_1,a_2,\cdots,a_K\}$、$W=\{w_1,w_2,\cdots,w_K\}$，由于在字典学习过程中 D、A、W 是联合归一化的，即 $\|(G^{\mathrm{T}},\sqrt{\alpha}Q^{\mathrm{T}},\sqrt{\beta}H^{\mathrm{T}})^{\mathrm{T}}\|_2=1$，所以在测试过程中需要对 D 和 W 进行转化：$\hat{d}_i=\dfrac{d_i}{\|d_i\|_2}$，$\hat{w}_i=\dfrac{w_i}{\|d_i\|_2}$。

对于测试样本 y_i，首先计算 $\chi(y_i)$ 相应的稀疏系数 x_i：

$$x_i=\arg\min_{x_i}\|\chi(y_i)-\hat{D}x_i\|_2^2,\quad \text{s.t.}\|x_i\|_0\leqslant T \tag{3-13}$$

式中，$\hat{D}=\{\hat{d}_1,\hat{d}_2,\cdots,\hat{d}_k\}$。

然后通过线性预测分类器估计 y_i 的类别：

$$j=\arg\max_i(\hat{W}x_i) \tag{3-14}$$

式中，$\hat{W}=\{\hat{w}_1,\hat{w}_2,\cdots,\hat{w}_k\}$。

图 3.2 显示了在两个不同的人脸库中，某一类测试样本在不同字典上的稀疏系数，X 轴表示稀疏系数的维度，Y 轴表示这类测试样本稀疏系数的绝对值之和。左边一列曲线对应 Extended YaleB 人脸库的第 2 个人，右边一列曲线对应 AR 人脸库的第 89 个人。图 3.2（f）和图 3.2（g）颜色条中的每种颜色代表字典某一类别的原子。不同于 K-SVD（Aharon et al.，2006）和 DKSVD（Zhang and Li，2010），SRC（Wright et al.，2009）、SRC*（Wright et al.，2009）和 GLC-KSVD 中字典原子和类别标签相对应，由图 3.2（f）和图 3.2（g）可以看出 GLC-KSVD 使来自同一类别的样本具有相似的稀疏表示，与测试样本同一类别的字典原子对其稀疏编码的贡献明显高于其他的字典原子。

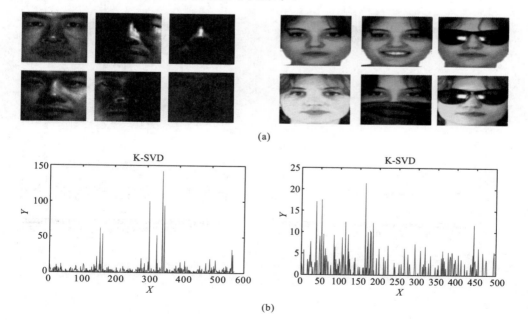

(a)

(b)

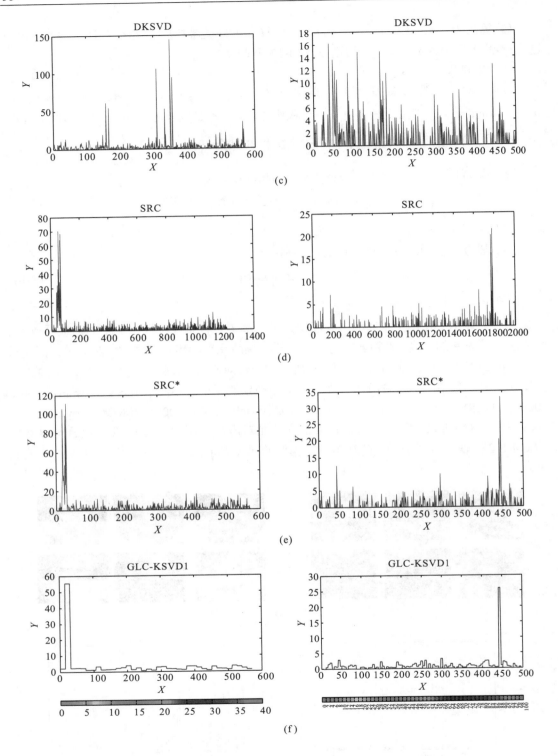

(c)

(d)

(e)

(f)

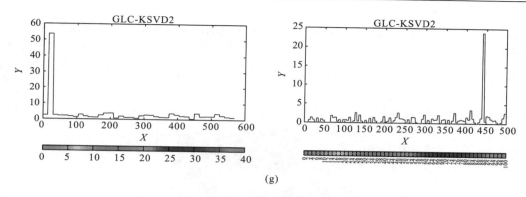

(g)

图 3.2　采用不同字典的稀疏编码示例

3. 人脸识别结果及分析

为了检验本节算法的有效性,在 Extended YaleB 人脸库和 AR 人脸库上分别进行实验,实验平台为酷睿 2 双核处理器,主频 2.93GHz,2GB 内存,实验结果为独立运行 10 次后的平均识别率和识别时间。

1) Extended YaleB 人脸库实验结果

Extended YaleB 人脸库共有 38 个人,每个人有 64 幅正面人脸图像,主要包括光照和表情变化,图 3.3 显示了 Extended YaleB 人脸库上的部分人脸图像。对于每个人,实验随机选择 32 幅用于训练,其余的用于测试。所有图像的尺寸归一化到 192×168 像素,用随机投影进行特征降维,学习到的字典包含 570 个原子,每人 15 个。不同于 K-SVD 和 DKSVD,SRC 和 GLC-KSVD 中字典原子和类别标签相对应,但是 GLC-KSVD 的字典规模更小。实验中对 SRC 选择两种不同的字典规模,一种是全体训练样本,另一种是每人 15 幅图像(记作 SRC*),在同一特征维度下所有方法使用相同的学习参数。

图 3.3　Extended YaleB 人脸库部分人脸图像

实验通过多组交叉验证的方法来确定式(3-8)中的参数 $\sqrt{\alpha}$ 和 $\sqrt{\beta}$,图 3.4 显示了在 504 维时不同的 $\sqrt{\alpha}$ 和 $\sqrt{\beta}$ 对 GLC-KSVD2 识别率的影响,可以看出 $\sqrt{\alpha}=3$、$\sqrt{\beta}=3$ 时识别率最高。

表 3-1 列出了在 Extended YaleB 库上不同特征维度下本节算法 GLC-KSVD1 和 GLC-KSVD2 与 K-SVD(Aharon et al.,2006)、DKSVD(Zhang and Li,2010)、LC-KSVD1(Jiang et al.,2011)、LC-KSVD2(Jiang et al.,2011)、SRC*(Wright et al.,2009)、SRC(Wright et al.,2009)以及 GSRC(Zhang and Li,2010)的识别率。可以看出采用小规模字典的 SRC* 识别率低于原始 SRC 算法;由于存在光照变化,基于 Gabor 特征的 GSRC 识别率高于 SRC

算法，本节的基于增强 Gabor 特征的 GLC-KSVD 算法识别率高于 LC-KSVD 算法；同时也看出当达到一定的特征维度后,本节算法的识别率高于其他算法,在 504 维达到了 98.8% 的最高识别率，比经典的 SRC 高 2.8 个百分点，且明显高于采用相同字典大小的 SRC*，且 GLC-KSVD2 识别率高于 GLC-KSVD1。

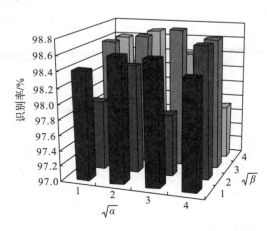

图 3.4   Extended YaleB 人脸库在 504 维下参数对识别率的影响

表 3-1   Extended YaleB 人脸库上各方法在不同维度下的识别率(%)

维数	K-SVD	DKSVD	LC-KSVD1	LC-KSVD2	SRC*	SRC	GSRC	GLC-KSVD1	GLC-KSVD2
30	20.9	43.8	18.4	43.1	49.7	65.5	68.6	44.1	55.8
120	48.3	69.4	44.7	67.5	75.1	85.7	85.7	88.8	89.0
300	69.9	86.1	74.3	85.5	86.7	94.5	95.4	96.8	97.2
504	92.6	93.7	93.4	94.4	91.7	96	97.8	98.7	98.8

表 3-2 列出了在 Extended YaleB 人脸库上不同特征维度下本节算法和 SRC、SRC*识别一个样本的平均运行时间，可以看出采用小规模字典的 SRC*识别速度比原始 SRC 快；由于采用单一的线性分类器，本节算法在识别速度方面很有优势，在 504 维时比 SRC 提高了 90%左右，比采用相同字典大小的 SRC*提高了 81%左右。

表 3-2   Extended YaleB 人脸库上各方法的平均识别时间   （单位：ms）

维数	SRC	SRC*	GLC-KSVD1	GLC-KSVD2
30	4.30	2.85	0.06	0.05
120	3.92	2.12	0.11	0.10
300	4.16	2.16	0.18	0.17
504	5.24	2.69	0.51	0.50

2）AR 数据库实验结果

AR 人脸库共有 126 个人，每个人有 26 幅正面人脸图像，包括光照、表情和伪装变化下的图像。从中选取 50 名男性和 50 名女性的 2600 幅图像用于实验，对于每个人，随机选择 20 幅用于训练，另外 6 幅用于测试。所有图像的尺寸归一化到 165×120 像素，用随机投影进行特征降维，学习到的字典包含 500 个原子，每人 5 个。对于 SRC 实验选择全体训练样本和每人 5 幅图像两种不同规模的字典。

表 3-3 列出了在 AR 库上不同特征维度下本节算法与 K-SVD、DKSVD、LC-KSVD1、LC-KSVD2、SRC*、SRC 以及 GSRC 的识别率。可以看出，采用小规模字典的 SRC*识别率低于 SRC 算法；由于存在光照、表情和伪装等变化，基于 Gabor 特征的 GSRC 识别率高于 SRC 算法，本节的基于增强 Gabor 特征的 GLC-KSVD 识别率高于 LC-KSVD 算法；同时也看出当达到一定的特征维度后，GLC-KSVD2 的识别率高于其他算法，在 540 维达到了 99.2%的最高识别率，比经典的 SRC 高 3.5 个百分点，且高于采用相同字典大小的 SRC*，也说明了本节算法适用于小样本问题，GLC-KSVD2 识别率高于 GLC-KSVD1。

表 3-3 AR 人脸库上各方法在不同维度下的识别率（%）

维数	K-SVD	DKSVD	LC-KSVD1	LC-KSVD2	SRC*	SRC	GSRC	GLC-KSVD1	GLC-KSVD2
30	15.7	21.2	17.8	23.0	24.8	46.5	52.5	43.2	50.2
120	50.7	51.3	54.2	54.8	50.5	77.7	85.2	85.0	86.5
300	70.2	73.7	76.5	77.3	70	92.8	95.8	97.0	97.5
540	83.7	84.3	88.7	90.7	75.2	95.7	99.0	98.7	99.2

表 3-4 列出了在 AR 人脸库上不同的维度下本节算法和 SRC、SRC*识别一个样本的平均运行时间，可以看出采用小规模字典的 SRC*识别速度比原始 SRC 快；由于采用单一的线性分类器，本节算法在识别速度方面很有优势，在 540 维时比 SRC 提高了 97%左右，比采用相同字典大小的 SRC*提高了 91%左右。通过与表 3-2 的比较，可以看出在类别多的情况下本节算法在识别速度上的优势更加明显。

表 3-4 AR 人脸库上各方法的平均识别时间 （单位：ms）

维数	SRC	SRC*	GLC-KSVD1	GLC-KSVD2
30	15.36	5.13	0.06	0.05
120	16.15	5.10	0.12	0.10
300	17.30	5.13	0.19	0.18
540	21.05	6.01	0.52	0.49

3) 结论

通过各算法在两个通用人脸数据库上识别率的比较，可以看出本节算法对光照、表情和伪装等变化有更强的鲁棒性，同时也看出本节算法提高了原始 LC-KSVD 的识别精度；通过 AR 人脸库上的识别率的观察，可以看出本节算法在小样本的情况下识别精度仍然很高；通过 SRC 和 SRC*识别时间的比较，可以看出基于小规模字典的稀疏表示分类方法降低了识别阶段稀疏编码的计算复杂度，提高了识别速度；通过本节算法和 SRC*识别时间的比较，可以看出本节算法不需要与每一个类别进行比较，采用一个简单的线性分类器减小了识别阶段的计算代价，提高了识别的速度，也适用于类别多的情况。

3.1.3 融合特征结合子模字典学习的稀疏表示人脸识别算法

针对大多数字典学习算法的每一次迭代都需要遍历整个训练样本集，计算代价高，收敛速度慢，以及基于单一特征的人脸识别算法没有充分利用人脸信息等问题，本节研究了融合特征结合子模字典学习的稀疏表示人脸识别算法，对原始的子模字典学习算法进行改进。首先提取主成分分析(principal component analysis，PCA)特征初始化全局特征字典，提取 Gabor 特征初始化局部特征字典；然后将特征集分别映射到相应的无向图上，通过优化求解单调递增的子模目标函数得到两个判别字典；识别阶段，将测试样本的全局特征和局部特征在相应的字典上进行稀疏编码，最后融合预测分类系数得到测试样本的类别信息。

1. 特征提取

人脸特征可以分为全局特征和局部特征两类，全局特征描述了人脸的轮廓、器官分布及形态等信息，主要包括：PCA、独立成分分析(independent component analysis，ICA)和线性判别分析(linear discriminant analysis，LDA)等。PCA 变换的目标是通过线性变换寻找一组最优单位正交矢量，用它们的线性组合重建原始样本数据，使得重建后的样本和原样本的误差最小，本节通过 PCA 变换提取人脸的全局特征。局部特征描述了人脸的细节变化，主要包括：Gabor 变换、局部二值模式(LBP)等。Gabor 变换同时在时域和频域获得最佳局部化，其变换系数描述了图像给定位置附近区域的灰度特征，并且具有对光照和姿态等不敏感的优点，因此采用 Gabor 变换提取人脸的局部特征。

1) 全局特征提取

通过 PCA 变换提取人脸的全局特征，首先求得训练样本集的协方差矩阵所对应的特征值和特征向量，然后选择若干个最大特征值对应的特征向量组成一个特征空间，最后将原始信号投影到特征空间上。PCA 特征提取分为五步。

(1) 输入训练样本矩阵 $X = [x_1, x_2, \cdots, x_N] \in \mathbf{R}^{n \times N}$；

(2) 计算训练样本的平均脸 $m = \frac{1}{N} \sum_{i=1}^{N} x_i$；

(3) 计算训练样本集的协方差矩阵 $\Sigma = \sum_{i=1}^{N} (x_i - m)(x_i - m)^{\mathrm{T}}$；

(4) 计算协方差矩阵的特征值 λ_i 和特征向量 μ_i，将特征向量按照特征值降序进行排列，选择前 d 个特征向量构成特征子空间 $Q = [\mu_1, \mu_2, \cdots, \mu_d] \in \mathbf{R}^{n \times d}$，其中 $d \ll n$，d 的大小由贡献率 $\alpha = \dfrac{\sum_{i=1}^{d} \lambda_i}{\sum_{i=1}^{N} \lambda_i}$ 决定；

(5) 输出人脸 $y \in \mathbf{R}^n$ 的 PCA 特征 $y_h = Q^{\mathrm{T}}(y - m) \in \mathbf{R}^d$。

图 3.5 显示了 3 个人脸图像和对应的 PCA 重构人脸，可以看出重构的人脸很好地保存了人脸的轮廓和器官分布信息。

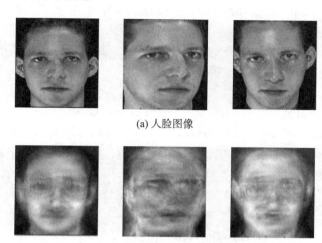

(a) 人脸图像

(b) 对应的PCA重构人脸

图 3.5　PCA 重构的人脸图像

2) 局部特征提取

通过 Gabor 变换提取人脸的局部特征，其过程及符号说明参照 3.1.2 节。Gabor 特征提取分为四步。

(1) 输入人脸图像 y；

(2) 与 Gabor 滤波器组进行卷积，得到 40 个幅值矩阵 $M_{u,v}(z)$；

(3) 对每个 $M_{u,v}(z)$ 进行抽样因子 ρ 下采样，然后按列级联构成一个方向和尺度下的能量特征向量 α_i^ρ；

(4) 将 40 个 α_i^ρ 级联起来构成 Gabor 特征向量 $y_l = [\alpha_1^{\rho \mathrm{T}}, \alpha_2^{\rho \mathrm{T}}, \cdots, \alpha_{40}^{\rho \mathrm{T}}]^\mathrm{T}$。

图 3.6 显示了一幅人脸图像在不同尺度和方向下的能量特征，可以看出 Gabor 特征有效地描述了人脸的局部细节信息。

(a) 人脸图像　　　　　(b) 不同方向不同尺度下的能量特征

图 3.6　人脸图像的 Gabor 特征

2. 子模字典学习

子模字典学习（submodular dictionary learning，SDL）将字典学习转化为图分割问题，首先把训练数据集及相应的关系映射到一个无向图上；然后在建立的图上寻找包含 K 个连通分量且最大化目标函数的拓扑结构进行图分割，其中目标函数是单调递增的子模函数；最后将每一个聚类的中心作为字典原子。

1) 子模字典学习模型

子模字典学习的目标是选择边集 E 的一个子集 A，使得生成子图 $G=(V,A)$ 包含 K 个连通分量，并且在 $G=(V,A)$ 上目标函数最大。目标函数包括随机游走熵率项和判别项两部分，其中熵率项有利于形成结构紧凑且均匀的集群，使得学习到的字典具有很好的表示能力；判别项促使集群具有高的类别纯度，使得来自同一类别的信号具有相似的稀疏表示。

熵率用来衡量随机过程 $X=\{X_t\,/\,t\in T\}$ 的不确定性，对于离散的随机过程，熵率可以表示为

$$H(X)=\lim_{t\to\infty}H(X_t\mid X_{t-1},X_t,\cdots,X_1) \tag{3-15}$$

图上随机游走的熵率用来衡量集群的紧凑度和均匀程度，在图 $G=(V,A)$ 上随机游走的熵率可以表示为

$$H(A)=-\sum_i\mu_i\sum_j p_{ij}(A)\log\big[p_{ij}(A)\big] \tag{3-16}$$

式中，$\mu_i=\dfrac{w_i}{w_{\text{all}}}$，其中 $w_i=\sum_{j:e_{ij}\in A}w_{ij}$ 表示 v_i 的总事件权重，$w_{\text{all}}=\sum_{i=1}^{|V|}w_i$ 表示所有顶点的总事件权重之和，$p_{ij}(A)$ 表示在图上随机游走的转移概率，其数学表达式为

$$p_{ij}(A)=\begin{cases}1-\dfrac{\sum\limits_{j:e_{ij}\in A}w_{ij}}{w_i}, & i=j\\[4mm]\dfrac{w_{ij}}{w_i}, & i\neq j,\,e_{ij}\in A\\[4mm]0, & i\neq j,\,e_{ij}\notin A\end{cases} \tag{3-17}$$

在构造的图上，随机游走的熵率是单调递增的子模函数：在 A 中增加任意一条边都增加了随机游走一步的不确定性，并且在后一阶段选择边 e_{ij} 不确定性的增量减少。

虽然添加任意边到集合 A 都能增加随机游走的熵率，但是选择增益更大的边有利于形成紧凑且均匀的集群，从而使得学习到的字典能够很好地表示输入信号。图 3.7 显示了熵率对集群紧凑度和均衡程度的影响，其中每一幅图包含 6 个连通分量，红点表示聚类的中心，只包含一个元素的聚类没有标出红点，边上的数字表示顶点之间的距离。从图 3.7 可以观察到 (b) 中的聚类比 (a) 中的紧凑，其熵率也比 (a) 的大；(d) 中的聚类比 (c) 的均匀，其熵率也比 (c) 的大；(b) 和 (d) 中的聚类中心有更好的表示能力。

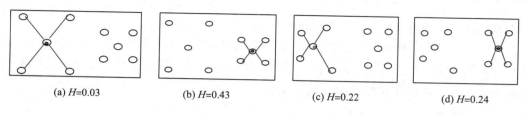

(a) H=0.03   (b) H=0.43   (c) H=0.22   (d) H=0.24

图 3.7 熵率对集群紧凑度和均衡程度的影响

判别项促使集群具有高的类别纯度，可以表示为

$$Q(A) \equiv P(S_A) - N_A = \sum_{i=1}^{N_A} \frac{1}{C} \max_y N_y^i - N_A \tag{3-18}$$

式中，N_A 表示连通分量的个数，$S_A = \{S_1, S_2, \cdots, S_{N_A}\}$ 表示基于 A 的图像分割，$N = [N^1, N^2, \cdots, N^{N_A}] \in \mathbf{R}^{m \times N_A}$ 表示每一类样本分配到每一个聚类的原子个数统计矩阵，$N^i = [N_1^i, N_2^i, \cdots, N_y^i, \cdots, N_m^i]^T$，$N_y^i$ 表示第 y 类样本中分配到第 i 个聚类 S_i 的原子个数，$C_i = \sum_y N_y^i$ 表示分配到聚类 S_i 的原子总数，$C = \sum_i C_i$，$P(S_i) = \frac{1}{C_i} \max_y N_y^i$ 表示聚类 S_i 的类别纯度，$P(S_A) = \sum_{i=1}^{N_A} \frac{C_i}{C} P(S_i)$ 表示基于 A 的总类别纯度。

在构造的图上判别项也是单调递增的子模函数，选择增益更大的边有利于形成类别纯度高且聚类个数少的集群，使得相似的输入信号可以用相同的聚类中心来表示，从而保证字典的判别性能。图 3.8 显示了判别项对字典判别性能的影响，图中不同颜色的圈代表了不同类别的数据点，不同的连通分量代表了不同的聚类，红点代表了聚类的中心。从图 3.8 可看出，(a) 中的绿圈和黑圈被分到同一个聚类中，从而不能被区分开；(b) 中的绿圈被分到两个聚类中，从而导致绿圈的稀疏表示可能不相似；(c) 的类别纯度比 (a) 的高，聚类个数也比 (b) 的少，其判别项最大，聚类中心具有很强的判别性，得到的稀疏系数更利于分类。

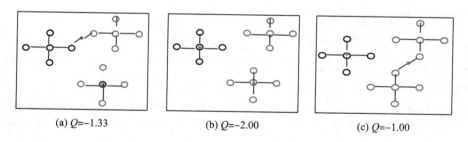

(a) Q=-1.33   (b) Q=-2.00   (c) Q=-1.00

图 3.8 判别项对字典判别能力的影响

子模字典学习模型可以表示为

$$\max_A H(A) + \lambda Q(A), \quad \text{s.t.} \ A \subseteq E, N_A \geq K \tag{3-19}$$

式中，$\lambda = \lambda' \gamma$ 表示权重值，其中 λ' 是预先设置的参数，$\gamma = \dfrac{\max_{e_{ij}} H(e_{ij}) - H(\varphi)}{\max_{e_{ij}} Q(e_{ij}) - Q(\varphi)}$，$N_A \geq K$

用于约束连通分量的个数。

由于单调递增子模函数的线性组合仍然是单调递增的子模函数，式(3-19)的目标函数也具有单调递增性和子模性。另外，在目标函数的单调递增性和连通分量个数的约束下，最终生成子图恰好包含 K 个连通分量。

2) 算法优化

直接最大化子模函数是一个 NP-hard 问题，Nemhauser 等(1978)采用简单的贪婪算法求得近似解。算法从 $A = \varphi$ 开始，迭代增加边到集合 A，当达到要求的连通分量个数时，迭代终止。该算法在每次迭代的过程中都选择对目标函数贡献最大的边。

由于构成环的边对图像分割没有任何作用，增加非环约束使得解集 A 将不考虑那些构成环的边，从而减小贪婪算法的搜索范围，加快求解的速度。子模字典学习的优化模型可以表示为

$$\max_A H(A) + \lambda Q(A), \quad \text{s.t.} \ A \subseteq E, A \in \Gamma \tag{3-20}$$

式中，Γ 表示子集 $A \subseteq E$ 的集合，其中 A 的元素没有构成环，并且基于 A 的图像分割其连通分量的个数大于 K。

通过求解拟阵 $M = (E, \Gamma)$ 约束下的子模函数最大化问题完成子模字典学习，SDL 算法的具体步骤分为八步：

(1) 输入 $G = (V, E), K, \lambda, N$ ；

(2) 初始化： $A = \varphi, D = \varphi$ ；

(3) 判断是否满足 $N_A > K$ ，若满足跳转第(6)步，不满足跳转第(4)步；

(4) 选择使目标函数 $F(A) = H(A) + \lambda Q(A)$ 增量最大的边：

$$\tilde{e} = \underset{A \cup \{e\} \in \Gamma}{\text{argmax}} F(A \cup \{e\}) - F(A) \tag{3-21}$$

(5) $A = A \cup \{e\}$ ；

(6) 随机游走结束；

(7) 将生成子图 $G = (V, A)$ 分成 K 个聚类，计算每个聚类的中心，将其作为字典原子；

(8) 输出字典 D 。

3. 融合特征结合子模字典学习

首先提取训练样本集的 PCA 特征初始化全局特征字典 A_h ，提取训练样本集的 Gabor 特征初始化局部特征字典 A_l；然后在两个初始特征集上分别进行子模字典学习，得到紧凑的判别字典 D_h 和 D_l；通过多元岭回归模型[式(3-12)]分别求解线性分类器模型参数 W_h 和 W_l。识别阶段，将测试样本 y 的全局特征 y_h 和局部特征 y_l 在相应的字典上分别进行稀疏编码得到 x_h 和 x_l，最后融合分类系数得到测试样本的类别信息，融合模型可以表示为

$$j = \underset{j}{\text{argmax}} \left[l = \omega W_l x_l + (1-\omega) W_h x_h \right] \tag{3-22}$$

式中，$\omega = \dfrac{\delta(x_l)}{\delta(x_h) + \delta(x_l)}$ 是局部特征所占的权重，$\delta(\cdot)$ 表示向量的方差，也就是说稀疏系数的判别性决定了权重的大小。

4. 人脸识别实验结果及分析

为了检验本节算法的有效性，在 Extended YaleB 人脸库和 AR 人脸库上分别进行实验，实验平台为酷睿 2 双核处理器，主频 2.93GHz，2GB 内存，实验结果为独立运行 10 次后的平均识别率和字典训练时间。

1) Extended YaleB 人脸库实验结果

对于每个人，随机选择 32 幅用于训练，其余的用于测试，全局特征和局部特征均降到 504 维，所有方法使用相同的参数。对于本节算法，在不同字典规模下，固定近邻数 $k=1$，观察到参数 λ' 的变化对识别率几乎没有影响，所以在整个实验过程中选取 $\lambda'=1$。图 3.9 显示了本节算法在不同字典规模下，固定 $\lambda'=1$，k 的取值对识别率的影响，可以看出 $k=1$ 时识别效果最好，所以在整个实验过程中选取 $k=1$。

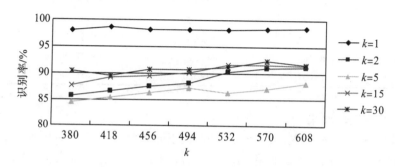

图 3.9　Extended YaleB 人脸库上参数 k 对识别率的影响

表 3-5 列出了本节算法与 Gabor+SDL、PCA+SDL（Jiang et al., 2012）、K-SVD、DKSVD 以及 LC-KSVD 在不同字典规模下的识别率，可以看出由于存在光照、表情等变化，基于 Gabor 特征的 SDL 识别率高于基于 PCA 特征的 SDL；同时也看出在不同的字典规模下本节算法的识别率高于基于单一特征的 SDL 和其他算法，在字典大小为 418 时达到了 98.6% 的最高识别率。

表 3-5　Extended YaleB 人脸库上各方法在不同字典大小下的识别率（%）

字典大小	K-SVD	DKSVD	LC-KSVD	PCA+SDL	Gabor+SDL	本节算法
380	92.5	91.2	92.8	92.6	92.9	98.1
418	91.9	91.4	92.9	92.6	93.9	98.6
456	92.3	92.0	93.3	92.2	95.0	98.2
494	93.2	93.3	93.8	93.7	96.3	98.2
532	93.1	93.6	93.7	93.7	96.3	98.2
570	92.6	93.7	94.1	94.1	96.2	98.4
608	91.2	93.9	94.1	94.4	96.2	98.5
646	83.7	94.6	92.9	94.3	96.2	98.2
684	78.4	92.7	92.9	95.1	96.4	98.1

表 3-6 列出了本节算法与 K-SVD、DKSVD 以及 LC-KSVD 学习不同规模的字典所需的训练时间，可以看出本节算法的字典训练速度远远快于其他算法，同时也看出其他算法字典规模越大，训练时间越多，而本节算法的字典训练时间不会随着字典规模增加而变大。

表 3-6 Extended YaleB 人脸库上各方法的字典学习时间　　　　　　（单位：s）

字典大小	K-SVD	DKSVD	LC-KSVD	本节算法
380	57.716	59.472	87.465	5.302
418	61.683	63.999	102.31	5.012
456	67.903	70.984	123.388	4.949
494	76.850	78.852	150.482	4.984
532	82.167	84.768	172.925	4.928
570	90.766	93.455	188.409	5.027
608	100.657	106.670	224.560	5.029
646	106.769	116.514	246.337	5.018
684	116.057	129.520	275.831	5.049

2）AR 人脸库实验结果

AR 人脸库共有 126 个人，每个人有 26 幅正面人脸图像，包括光照、表情和伪装变化下的图像，从中选取 50 名男性和 50 名女性共 2600 幅图像用于实验，每个人随机选择 20 幅用于训练，另外 6 幅用于测试，局部特征和全局特征均降到 540 维，所有方法使用相同的参数。在整个实验过程中，本节算法选取 $\lambda'=1$，$k=1$。

表 3-7 列出了本节算法与 Gabor+SDL、PCA+SDL、K-SVD、DKSVD 以及 LC-KSVD 在不同字典规模下的识别率，可以看出由于存在光照、表情和遮挡等变化，基于 Gabor 特征的 SDL 识别率高于基于 PCA 特征的 SDL；在不同的字典规模下本节算法的识别率高于基于单一特征的 SDL；同时也看出当达到一定字典规模后本节算法的识别率高于其他算法，在字典大小为 900 时达到了 98.7%的最高识别率。

表 3-7 AR 库上各方法在不同字典大小下的识别率（%）

字典大小	K-SVD	DKSVD	LC-KSVD	PCA+SDL	Gabor+SDL	本小节算法
400	85.0	82.7	86.5	76.0	79.7	82.5
500	83.7	84.7	90.7	82.3	85.8	88.7
600	85.3	82.8	90.7	85.3	94.0	94.5
700	84.2	84.2	89.5	85.8	93.5	98.0
800	86.0	85.3	91.3	86.3	94.2	98.2
900	86.5	88.0	91.0	89.0	95.0	98.7
1000	87.8	86.5	92.3	91.0	95.5	98.5

表 3-8 列出了本节算法与 K-SVD、DKSVD 以及 LC-KSVD 学习不同规模的字典所需的时间，可以看出本节算法的字典训练速度远远快于其他算法，同时也看出其他算法字典

规模越大，训练时间越多，而本节算法字典训练时间不随着字典规模增加而变大。

表 3-8　AR 人脸库上各方法的字典学习时间　　　　　　（单位：s）

字典大小	K-SVD	DKSVD	LC-KSVD	本节算法
400	96.801	103.719	150.041	14.571
500	122.857	134.319	221.789	14.491
600	152.220	174.194	284.458	14.534
700	198.920	233.532	377.602	14.499
800	261.860	297.218	487.735	14.511
900	324.986	360.670	619.363	14.510
1000	388.803	429.060	763.473	14.553

3）结论

通过各算法在两个通用人脸数据库上识别率的比较，可以看出本节算法对光照、表情、姿态和伪装等变化有更强的鲁棒性，也可看出本节算法提高了原始子模字典学习算法的识别精度；通过本节算法和其他算法字典训练时间的比较，可看出本节算法的字典训练速度很快，并且字典的规模越大，这种优势更加明显；通过本节算法在两个人脸库上训练时间的比较，可看出本节算法的字典训练速度与训练样本的个数有关，而与字典的规模无关。

3.2　基于主动红外视频的活体人脸识别

3.2.1　系统概述

活体人脸检测技术旨在辨别人脸的真伪，保障人脸识别系统安全稳定地运行。具体是通过设置管卡，在系统进行人脸检测的同时判断其是否为活体。在目前的人脸检测和识别技术的应用中，人们开始重视防欺诈功能。普通摄像头所读取的照片、视频的欺诈信息和活体人脸的真实信息都具有人脸的基本特征，尤其是视频还具有和活体人脸一样的微动作信息，包括眨眼睛、点头摇头、嘴巴的张合等，因此活体人脸检测技术是人脸识别研究的重点和难点。

针对人脸识别中的照片和视频欺诈问题，本节提出了一种基于近红外视频的活体人脸识别方法：首先近红外视频不仅去除了可见光的干扰，而且可以快速排除反光照片、视频和彩色不反光照片等负样本；其次，利用迭代二次帧差模型提取红外人脸图像上的亮度突出部位，这些部位能显著地区分出活体人脸和照片；然后对帧差图像进行二值化处理并提取 PCA 特征，使得少量的正样本具有多数活体人脸的特征信息，最后基于余弦相似度的最近邻法进行分类识别。

图 3.10 为活体人脸识别系统的总体流程。首先，读取近红外图像序列，将图像放缩到 32×32 的大小后，对其进行灰度化处理；其次，利用 Haar-like+AdaBoost 算法检测人

脸，取最大面积人脸，再利用迭代二次帧差模型提取二次帧差二值图像后，制作 PCA 子空间预训练模板；最后，利用最近邻余弦相似度分类器进行匹配，得出预测结果。

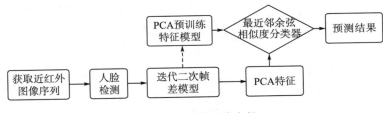

图 3.10　系统总体流程

实验结果表明：本节介绍的方法能够实时、准确地区分活体人脸图像和照片，正面和抬头的活体人脸检出率为 100%，人脸左右偏离 30° 范围内检出率为 98%，低头时检出率为 97%，黑白照片误检率小于 3%。识别一帧图像平均用时为 1.56ms，满足低端 ARM 的实时性需求。

3.2.2　迭代二次帧差模型

由于近红外补光灯照射在活体人脸和照片上的光线分布不同，使得两者亮度突出的部位具有显著差别。活体人脸受光不均匀，由光线引起的高亮度区域主要分布在额头、颧骨、眉骨、鼻子等部位，能够表达出活体人脸 3D 特性。相反，照片的高亮度区域分布均匀。

当近红外摄像头连续读取图像时，先对图像进行灰度化处理，并将图像大小缩放为 32×32。取连续三帧图像：初始帧图像、中间帧图像和当前帧图像。第一次迭代，首先分别对初始帧图像和中间帧图像、中间帧图像和当前帧图像做帧差处理，获得一次帧差图像；其次，对一次帧差图像再次做帧差处理，获得二次帧差图像；最后，对二次帧差图像做二值化处理，获得二次帧差二值图像；以后每轮迭代，都将前一轮的二次帧差二值图像作为初始帧图像。迭代二次帧差算法步骤包括六步。

(1) 将第一帧红外人脸图像灰度化后作为初始帧图像 $I_0^{(m)}(x,y)$。

(2) 设置迭代次数 $m = 1, 2, 3, \cdots, M$。

(3) 读取当前连续两帧红外人脸图像并灰度化后得到中间帧图像 $I_1^{(m)}(x,y)$ 和当前帧图像 $I_2^{(m)}(x,y)$。

(4) 对 $I_0^{(m)}(x,y)$、$I_1^{(m)}(x,y)$ 和 $I_2^{(m)}(x,y)$ 做二次帧差处理：

$$D_0^{(m)}(x,y) = |I_0^{(m)}(x,y) - I_1^{(m)}(x,y)| \tag{3-23}$$

$$D_1^{(m)}(x,y) = |I_1^{(m)}(x,y) - I_2^{(m)}(x,y)| \tag{3-24}$$

$$I_0^{(m+1)}(x,y) = |D_0^{(m)}(x,y) - D_1^{(m)}(x,y)| \tag{3-25}$$

式中，| |表示取绝对值；下标 0、1 和 2 分别表示帧差处理过程中的初始帧图像、中间帧图像和当前帧图像；上标 (m) 为迭代次数；$D_0^{(m)}(x,y)$、$D_1^{(m)}(x,y)$ 为一次帧差图像，$I_0^{(m+1)}(x,y)$ 为二次帧差图像。

(5)对 $I_0^{(m+1)}(x,y)$ 进行二值化处理：

$$\begin{cases} I_0^{(m+1)}(x,y)=250, & I_0^{(m+1)}(x,y)\geqslant\mu \\ I_0^{(m+1)}(x,y)=0, & \text{其他} \end{cases} \tag{3-26}$$

式中，μ 为二值化阈值，与红外光照强度有关，本节取二次帧差图像最亮灰度值的 30% 作为阈值。二值化后的二次帧差图像，一方面作为下一轮的初始帧图像，另一方面作为特征图像。二次帧差图像如图 3.11 所示。

(6)迭代过程，重复(3)～(4)直到系统关闭。

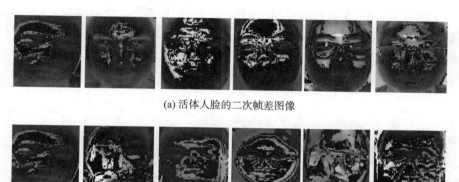

(a) 活体人脸的二次帧差图像

(b) 照片的二次帧差图像

图 3.11　二次帧差图像

图 3.12 是由本节方法提取的二次帧差二值图像。图 3.12(a)是正样本中不同活体人脸的二次帧差二值图像，其亮度突出区域分布规律具有鼻子、脸颊、额头、眉骨等 3D 特征信息。图 3.12(b)为负样本中不同照片的二次帧差二值图像，各负样本之间差异性较大，并且无明显 3D 特征信息，显然正、负样本具有显著性区别。

(a) 活体人脸二次帧差二值图像

(b) 照片二次帧差二值图像

图 3.12　二次帧差二值图像

3.2.3   PCA 预训练特征模型

活体人脸的二次帧差二值图像能量高的区域主要分布在凸显 3D 特性的各器官部位，且不同人脸分布大致相同；而照片的二次帧差二值图像能量高的区域分布扩散。因此选取具有全局性的特征，能够表达出不同活体人脸具有的相同 3D 特性。本节利用 PCA 算法对二次帧差二值图像做进一步的特征提取，一方面降低特征向量的维数，满足实时性的需求；另一方面能够较好地提取能量高的区域，提高分类的精度。

如图 3.13 所示，PCA 特征脸经过伪彩色处理，颜色越深的区域能量越高。活体二次帧差二值图像的特征脸的深颜色区域分布规律性强，大体分布在额头、眉骨、颧骨和鼻子等人脸凸出部位；照片二次帧差二值图像的特征脸的深色区域分布扩散且无规律。故利用 PCA 特征能准确地表达出两者的显著性差别。

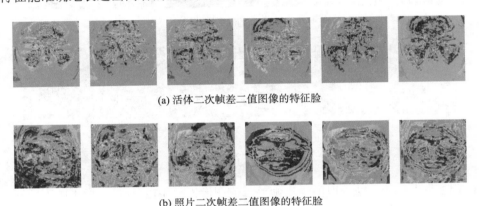

(a) 活体二次帧差二值图像的特征脸

(b) 照片二次帧差二值图像的特征脸

图 3.13   二次帧差二值图像的特征脸

由图 3.14 可知，活体人脸二次帧差二值图像的平均脸所表达的 3D 信息［图 3.14 (a)］，与活体人脸二次帧差二值图像的特征脸［图 3.13 (a)］所表达的信息具有较高的相似度，证明活体人脸二次帧差二值图像之间差异性小。因此，少量的正样本具有多数活体人脸的特征信息，减少了采集样本的工作量，也减少了 PCA 预训练特征模板的训练时间和匹配时间。

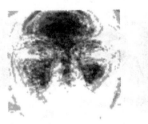 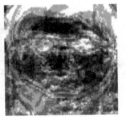

(a) 活体人脸   (b) 照片

图 3.14   二次帧差二值图像的平均脸

3.2.4　最近邻余弦相似度分类器

假设向量 $X_i=(X_1,X_2,\cdots,X_n)$，$Y_i=(Y_1,Y_2,\cdots,Y_n)$，则两者的余弦相似度为

$$\cos\theta=\frac{\sum_{i=1}^{n}(X_i\times Y_i)}{\sqrt{\sum_{i=1}^{n}X_i^2}\times\sqrt{\sum_{i=1}^{n}Y_i^2}} \tag{3-27}$$

由于只需要训练少量的样本，故采取最近邻法，计算每张图片的特征向量与训练集特征向量之间的余弦相似度。取相似度最大的类别标签作为预测值。

3.2.5　实验结果及分析

1. 自建库

由于本节活体识别方法是基于近红外摄像机拍摄的活体和照片视频，不能在现有的活体识别数据库中进行验证，本节采集了 18 个人的近红外视频及其照片视频，每段视频取连续 100 帧的五种姿态的图像，作为检出率和误检率的统计。近红外摄像头可以很容易摒除多种复杂的情况(反光照片、彩色打印照片和视频等)，因此本节用于训练的负样本皆为难以区分的黑白打印的照片。

2. 二值化阈值的设定

式(3-27)中需要设定一个二值化阈值参数 μ。迭代二次帧差模型所提取的人脸亮度凸出部位的图像(面积为 M)与阈值参数 μ 有关。

如图 3.15 所示，μ 值过大或者过小都会使活体人脸二次帧差二值图像失去额头、颧骨、眉骨和鼻子等人脸 3D 信息。故统计 18 个人的连续 100 帧图像的平均检出率，获得最优的 μ 值区间。

(a) $\mu=20$　　(b) $\mu=40$　　(c) $\mu=60$　　(d) $\mu=90$　　(e) $\mu=100$

图 3.15　不同阈值 μ 的活体人脸二次帧差二值图像

由图 3.16 可知，μ 值为[50,70]，其检出率较高。由于近红外补光灯的光照强度也影响 μ 的大小，并且不同型号的红外补光灯的光照强度不同，因此需要统计 μ 在二次帧差二值图像中所占比例的大小 λ 和平均检出率的关系来确定 μ 值：

$$\lambda=\frac{\sum_{i=0}^{m}\sum_{j=0}^{n}I[s(i,j)]}{m\times n}\times100\% \tag{3-28}$$

式中，$I(*)$ 为指示函数，"$*$"条件满足时其值为 1，$m\times n$ 为图片的大小；$s(i,j)$ 为二次帧差二值图像中点 (i,j) 对应的灰度值。

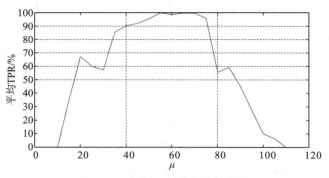

图 3.16　参数 μ 与检出率的统计

注：TPR（true positive rate）即真阳性率。

　　如图 3.17 所示，检出率较高的 λ 值的最优区间随分辨率降低而缩小：分辨率为 128×128 的输入图片，λ 值最优区间为 30%~65%；分辨率为 64×64 的输入图片，λ 值最优区间为 30%~55%；分辨率为 32×32 的输入图片，λ 值最优区间为 40%~55%；分辨率为 16×16 的输入图片，其检出率偏低。由此可知分辨率的大小对检出率有一定的影响，分辨率越高，对于 λ 值的鲁棒性越好。

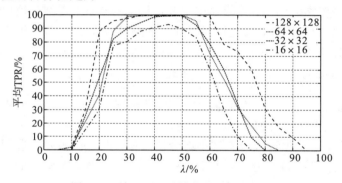

图 3.17　输入不同分辨率图片的检出率

　　由图 3.18 可知，黑白打印照片的误检率对 λ 值的变化具有较好的鲁棒性；对于较低分辨率的输入图片，误检率会升高。

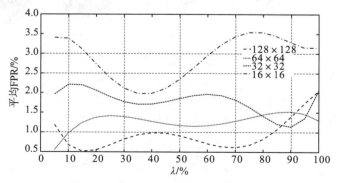

图 3.18　输入不同分辨率图片的误检率

注：FPR（false positive rate）即假阳性率。

3. 全局 PCA 特征和局部 LBP 特征对比

对于活体和照片的判别，多数研究者采用了局部二进制模式(LBP)及其变种，因为 LBP 对于任何单调的灰度变化具有较好的鲁棒性。在本节算法的基础上对全局 PCA 特征和局部 LBP 特征进行对比。

图 3.19 为二次帧差二值图像的 LBP 特征。本节使用半径为 1、邻域像素点数为 8 的 LBP 特征，并且把 LBP 特征分为 64 块进行灰度直方图统计，再利用最近邻余弦相似度分类器分类。

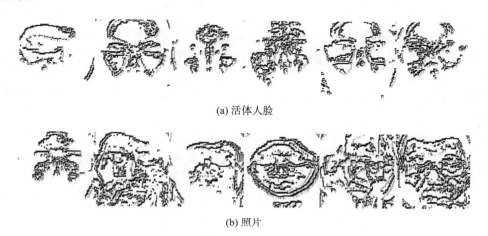

(a) 活体人脸

(b) 照片

图 3.19 二次帧差二值图像的 LBP 特征

图 3.20 是自建库 18 个人 LBP 特征识别结果。前 6 人的 LBP 特征作为模板，作为模板的这 6 个人活体人脸检出率在 93%以上；非模板的 12 个人活体人脸检出率为 80%～85%。照片的误检率小于 8%，显然非模板的检出率呈下降趋势。较少数量样本训练出的 LBP 特征，并不能很好地表达出多数活体人脸的特征信息。

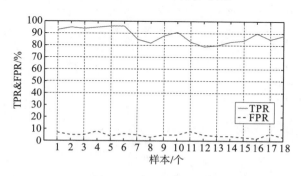

图 3.20 自建库 18 个人 LBP 特征实验结果

图 3.21 是第 28 块 LBP 特征的灰度直方图，从图中可知，活体与照片的 LBP 特征灰度值分布比活体与活体之间的 LBP 特征灰度值分布更加相似，导致类内余弦相似度降低，类间余弦相似度增大。

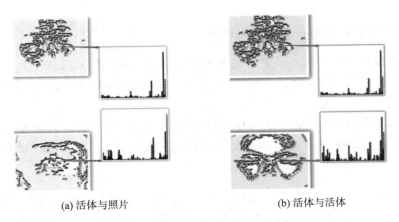

(a) 活体与照片　　　　　　　　　　(b) 活体与活体

图 3.21　LBP 特征的灰度直方图

由图 3.22 可知，以 PCA 特征为特征模板的分类性能优于以 LBP 特征为特征模板的分类性能。

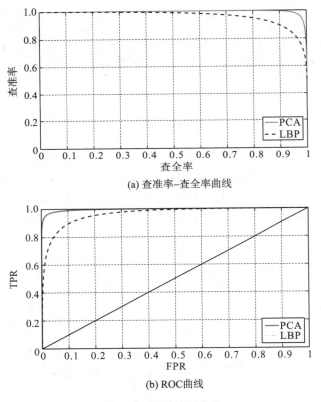

(a) 查准率–查全率曲线

(b) ROC曲线

图 3.22　分类性能曲线

4. 自建库实验结果

本节利用和 Kim 等相同的实验条件(Kim et al.，2015)：在单个低端 PC(2.3 GHz CPU)上实现，无并行处理；集成开发平台为 Visual Studio 2010；将图片放缩为 32×32 的大小。

本节利用迭代二次帧差模型提取的活体人脸二次帧差二值图像，对于不同的个体有相同的亮度分布，少数样本包含绝大多数活体人脸共同的 3D 信息。因此本节利用 6 个人五种姿态的 30 张二次帧差二值图像，建立活体 PCA 特征模板。再利用最近邻余弦相似度分类器进行分类，具有较高的识别率。

本节以活体人脸图像为正样本、照片为负样本进行实验，如图 3.23 所示。实验结果如表 3-9 和表 3-10 所示。表 3-9 是对单个活体人脸图像连续 100 帧的正样本检出率的统计，包括正脸（正对光源）、左侧 30°、右侧 30°、低头 30°、抬头 30° 时的姿态；表 3-10 是对照片左偏离、右偏离、凹陷、凸出、褶皱五种状态进行统计。

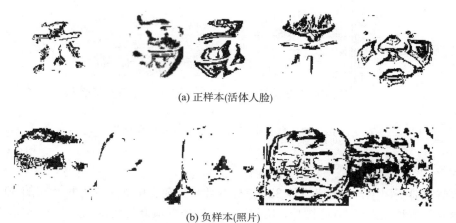

(a) 正样本(活体人脸)

(b) 负样本(照片)

图 3.23　五种状态的正负样本及其迭代二次帧差二值图像

表 3-9　正样本实验结果

角度	正确帧数/帧	正确率/%
正对光源	100	100
右侧 30°	98	98
左侧 30°	98	98
低头 30°	97	97
抬头 30°	100	100

表 3-10　负样本实验结果

测试对象	误检帧数/帧	误检率/%
左偏离	1	1
右偏离	0	0
凹陷	3	3
凸出	2	2
褶皱	0	0

　　由表 3-9 可知，正对光源和抬头时，检出率为 100%；右侧 30°或左侧 30°时，其检出率为 98%；低头 30°时，其检出率为 97%。因此本方法从不同角度对活体人脸的检出率均在 97%以上。由表 3-10 可知五种状态的负样本的误检率均在 3%以内。

　　图 3.24 是自建库 18 个人 PCA 特征实验结果，由图 3.24 可知，由 6 个人五种姿态的迭代二次帧差二值图像建立的活体 PCA 特征模板具有较强的泛化能力。

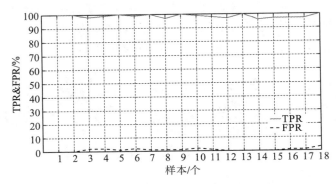

图 3.24　自建库 18 个人 PCA 特征实验结果

5. 时间复杂度分析

　　本节实验所用图片大小为 32×32，正样本数量为前文中 6 个人五种状态的 30 张图像，负样本也是五种状态的 30 张图像，迭代帧差二次模型最高时间复杂度为 $O(n)$。本节在相同实验条件下比对了效果较好的几种算法识别一帧图像所需平均时间。

表 3-11　识别一帧图像所需平均时间　　　　　　　（单位：ms）

方法	本节方法	DoG-based	LBP-based	LSP+SVM
时间	1.57	28.27	27.25	30.13

　　由表 3-11 可知各算法识别一帧图像整个过程所用平均时间，本节方法比 DoG-based 方法（Yang et al.，2013）快 17 倍，比 LBP-based（Zhang et al.，2012）方法快 16 倍，比 LSP+SVM 方法（Kim et al.，2015）快 18 倍；其中 LSP+SVM 方法在 NUAA 数据库上表现最好，识别率高达 98.5%，但其使用 SVM 作为分类器，时间复杂度较高。由于一般低性能的 ARM（Atmel ATSAMA5D36）的处理速度约比本节实验所用 PC 的 CPU 慢 10 倍以上，因此上述的方法并不适用。

　　活体人脸识别一般在人脸识别系统中作为判别真伪的辅助方法，对时间要求较高，由于本节方法在帧差法的基础上建立模型，且用少量样本训练出的特征就具有普遍适用性，相比 Kim 等利用的 LSP+SVM 分类器的方法，节省了大量的时间。

第四章 基于深度学习的人体目标检测方法

4.1 研究背景与意义

近年来，计算机技术的快速推进以及硬件性能的不断提升使得人工智能领域发展迅速。作为人工智能领域的主要研究方向之一，计算机视觉需要实现对不同环境下的目标的检测、识别和跟踪，从而才能利用计算机或摄像机代替效率不高且费时费力的人工劳动。计算机视觉任务主要涉及目标检测、目标识别和图像分割这三个研究方向。其中，人体目标检测作为目标检测的一个重要研究方向，包括多种类型，如人脸检测、人头检测和行人检测等。

人体目标检测的目的在于利用计算机视觉技术来判断输入的图像或视频序列中是否存在人体目标。优秀的人体目标检测算法也可为后续的行人跟踪、行为分析和身份识别等深入研究提供良好的基础。伴随着智慧城市和平安城市项目的快速推动，人体目标检测技术被快速应用于各个领域。

1. 智能监控

目前，摄像头被广泛应用在各个场所，如火车站、购物广场、学校和十字路口等行人密集度高的地方，通过监控获取实时数据信息。然而传统的监控都需要配备专门人员进行值守，费时费力，还往往达不到满意的效果。人体目标检测技术通过计算机自动检测出视频中的行人，并对在遮挡和多角度变化环境下难以检测的行人采用目标检测方法确定其位置，这样可以提高监控效果，同时还能将值守监控人员解放出来。因此，人体目标检测是智能监控系统中亟待解决的关键技术。

2. 无人驾驶

据不完全统计，世界上每年在交通事故中死亡的人数达 39000 余人，财产损失更是不可估计。然而在日常出行中，行人作为主要参与者，往往因驾驶者在驾驶过程中的一时疏忽发生交通事故，那么怎么才能减少甚至防止交通事故的发生呢？无人驾驶系统中人体目标检测是不可或缺的，但在城市街道等实际应用场景中的人体目标检测仍存在许多问题。对于在弯道或障碍物遮挡下的行人，根据多帧检测可以预判其轨迹，减少交通事故的发生，同时还可以提高行人检测的精度和速度。

3. 智能机器人

近几年，人工智能进一步发展，将深度学习技术应用到机器人中研制出智能机器人。服务型智能机器人通过人体目标检测算法能够检测出需要服务的对象，如配送机器人在配送过程中需要在复杂的场景中规划路线，确定行人的存在，并对行人的行为进行分析，判断其运动轨迹，从而提供更好的服务。此外，智能机器人能够理解一些简单的人类语言，可以进行简单的对话。

除此之外，人体目标检测还可应用在航拍和安防等诸多领域中，因此具有非常大的研究价值。

4.2 基于深度学习的人体目标检测研究历史

在深度学习之前，目标检测方法多为基于人工设计特征，目标检测的精度完全取决于研究者的经验；在目标定位过程中以窗口的形式扫描图像，冗余窗口较多，尺度不具有适应性，对于多类、小、密集、形变较严重以及遮挡面积较大的目标检测效果一般。为了解决人工选择合适特征的问题，人工神经网络应运而生。

Rumelhart 等(1988)提出了反向传播(BP)算法，解决了一直困扰着神经网络的参数学习问题，使得神经网络方法能够应用在计算机视觉领域。然而全连接的神经网络参数数量繁多，消耗了大量的 CPU 运行内存，为此，卷积神经网络(CNN)在 1980 年被 Fukushima(1980)提出，其参数共享机制缓解了这一问题，1998 年，LeCun 等(1998)对其改进，提出了第一个 CNN 模型——LeNet5，成功应用于邮政和银行的字符识别任务。此后在很长一段时间内，对于 CNN 的应用一直止步不前，原因大致有以下两个方面：①受到当时的计算机性能的限制，较多参数的 CNN 不能得到很好的训练；②计算机视觉领域的应用场景较为简单，传统的目标检测算法能够满足简单环境下的应用。

直到 2006 年，Hinton 和 Salakhutdinov(2006)在 *Science* 上发表的文章中提出较多隐藏层的神经网络具有更加优秀的特征学习能力，通过逐层初始化能够有效缓解训练上的复杂度。并且随着图形处理器(graphics processing unit，GPU)性能的提高，对于 CNN 的研究开展得如火如荼，学术贡献也不断增多，CNN 较多地应用于手写数字识别(Vincent et al.，2010)和声音识别(Dahl et al.，2012)。2012 年，AlexNet 在 ImageNet 竞赛中以超过第二名10%的正确率奠定了 CNN 在计算机视觉领域中的重要地位，随后 VGGNet(Simonyan and Zisserman，2015)、Google Inception Net(Szegedy et al.，2015)和 ResNet(He et al.，2016)等网络在 ImageNet 竞赛中相比较传统的机器学习方法都占有主导地位，使基于 CNN 的应用更加广泛。其中，具有标志性的应用是：Taigman 等(2014)提出的 DeepFace 和汤晓鸥研究团队提出的 DeepID(Sun et al.，2014a，2014b；Sun et al.，2015)。DeepID 和 ImageNet 上的其他 CNN 注重点不同：更加注重特征的学习而不是分类错误率，对网络内部结构进行分析，这是研究者第一次试图从理论上去探索 CNN 特征的本质。2015 年，Lecun、Bengio 和 Hinton 联合在 *Nature* 上发表了一篇深度学习的综述文章，阐述了深度学习的前世今生。2016 年，CNN 再次取得突破，基于 CNN 和搜索树的 AlphaGo(Silver et al.，2016)在围棋上击败了人类围棋高手，证明了 CNN 在一些方面的能力已经能战胜人类的智慧。2017 年 AlphaGo 升级为 AlphaGo Zero(Silver et al.，2017)，交替使用深度学习评估策略和蒙特卡罗树搜索优化策略，在强化学习中自主收集数据，摒弃了人类棋谱的先验知识自主学习，以 100：0 击败了 AlphaGo。深度学习虽然具有强大的学习能力，但是还不足以辨别是非，对于对抗样本的鲁棒性很低，辨知能力很弱，以往的对抗样本虽然能"欺骗"深度神经网络分类器，但迁移能力弱，不足以攻击现实世界的系统。虽然 CNN 具有强大的分类能力，但距离成熟还很远，如在人脸认证应用中，CNN 不能很好地辨别活体人脸和照片。

VGGNet、Google Inception Net 和 ResNet 等基础网络在 ImageNet 的分类任务上的优越表现促进了 CNN 在目标检测任务中的发展。2013 年 Szegedy 等（2015）利用 DNNs 模型将整个图片输入进行位置回归，在 VOC 2007（Everingham，2006）测试集上的平均精度（mean average precision，mAP）达到 30%。

Girshick 等（2015）在 2015 年提出的 R-CNN 网络，奠定了 CNN 在目标检测上的重要地位，在 VOC 2012（Everingham et al.，2015）数据集上测试的 mAP 高达 62.4%，但检测一张图片需要 47s。此后，基于 CNN 的方法在目标检测领域具有绝对的主导地位，这些方法主要分为两大类：①基于候选区域（RP）的方法，代表作是 SPP-net（He et al.，2015b）、Fast R-CNN（Girshick，2015）、Faster R-CNN（Ren et al.，2017）、R-FCN（Dai et al.，2016）和 Mask R-CNN（Lin et al.，2017）等；②基于回归的方法，代表作为 SSO（Zhang et al.，2018）和 YOLO（Redmon and Farhadi，2018）等。

2015 年，He 等提出的 SPP-net 利用网络空间金字塔的池化解决 RP 缩放的问题，SPP-net 只需要一次特征提取过程，且比 R-CNN 快 24～102 倍，但该网络训练烦琐，且检测效果不好。2015 年，Girshick 提出的 Fast R-CNN 网络将多任务的损失函数联合在一起，提高了检测精度，检测速度比 R-CNN 快 213 倍，但这是一个不完全端对端方法，仍不满足实时性。2017 年，Ren 等提出的 Faster R-CNN 是完全端对端的训练，用区域候选网络结构代替了选择性搜索等方法，全卷积的 RPN 和 Fast R-CNN 网络交替训练，实现卷积特征共享，也使得两个网络快速收敛，具有更高的检测精度，在 Tesla k40 上的检测速度为 5～17 帧/s，但该网络的缺点是全连接层的计算不共享，重复计算成本较高。2016 年，Dai 等提出的 R-FCN 网络解决了分类任务要求平移不变性和定位任务要求平移可变性的矛盾，用共享计算的全卷积取代了不共享计算的全连接层，提高了检测速度，是一个简单、精确、有效的目标检测的框架。2017 年，He 等提出的 Mask R-CNN 在 Faster R-CNN 的基础上增加了一个用于实例分割任务的 Mask 网络，集目标检测与分割为一体，多任务的损失函数使得训练更加简单，且具有关键点检测功能，提高了检测的精度，但其速度还无法满足高性能实时性应用场合的需求。

2015 年，Redmon 等提出的 YOLO 网络同时进行分类和定位，在 Titan X 上可达 45 帧/s，但是对小、密集和形变较大的目标召回率较低，原因在于其没有选择 RP 的过程，是以牺牲精度来提升速度的网络。2016 年，Liu 等提出的 SSD 网络是一个回归网络，用单一的网络进行多任务的预测，在 Titan X 上测试速度为 59 帧/s，并且结合不同层次的卷积特征图，具有较高的检测精度。Lin 等（2017）提出特征金字塔网络（feature pyramid networks，FPN），利用 CNN 的高低层特征图的语义关系，将特征图由底到顶和由顶到底加性结合，形成特征图金字塔，具有较高的分类精度。在 2018 年的 CVPR 会议上，Zhang 等（2018）在 SSD 算法的基础上添加分割模块和全局激活模块，提高了低层和高层卷积特征图的语义信息，兼顾了目标检测精度和速度。2018 年，Redmon 等提出 YOLOv3 算法，在 YOLO 的基础上，利用三个不同层次的特征图，经过多次 DBL 模块后相级联得到三个尺度的预测层，再结合多尺度的候选区域框，不但增加了特征图的维度，加强了特征的语义信息，而且提高了对目标细节信息的表达能力，对于非显著目标具有较高的检测精度和速度。以上网络具有两个共同的优点：①利用多任务的损失函数形成端对端的网络结构，加快了训练时参数的学习速度，提高了测试的精度；②使用不同层次的卷积特征图用于提高检测精度：较浅的卷积层的感受野较小，学习局部区域的特征，具有丰富的空间信息，满足定位任务需要的平移可变性；较深的卷积层，其感受野较大，学习更加抽象的特征，具有充足的语义信息，对目标在图像中的位置具有鲁棒性，满足分类任务需要的平移不变性。以上两个优点对现实环境中小尺度、遮挡较为严重和角度变化较大的目标的检测具有较高的检测精度和速度。

4.3　常用公开目标检测数据库

大数据推动人工智能快速发展，在基于深度学习的计算机视觉领域中 ImageNet 项目占有重要的地位。ImageNet 是一个用于计算机视觉对象的检测、识别以及分割的大型数据库，有 1400 万左右的图像被人工标注，标注的类别数超过 2 万，其中有 100 多万的图像提供了目标检测边界框。从 2010 年开始，每年 ImageNet 项目都举办一次大规模视觉识别挑战赛（ILSVRC），使用的是著名的 ImageNet-1000 数据集（1000 个类别的数据集），该数据集大力推动了深度学习的发展。研究者们常用 ImageNet-1000 数据集预训练网络模型。除此之外，本节用到的目标检测公开数据集还有 Pascal VOC2012、FDDB（Jain and Learned-miller，2010）以及 WIDER FACE（Yang et al.，2016）。

Pascal VOC2012 数据集具有 20 个类别，对于目标检测的任务，训练和验证集共有 11540 张图片，图片中包含 27450 个目标，图像的真实标签保存在 XML 文件中，下载地址如下：http://host.robots.ox.ac.uk/pascal/VOC/voc2012/index.html。

FDDB 数据集是最具权威性的人脸检测评估基准之一，测试集具有 2845 张图片，包含 5171 张人脸。人脸具有不同分辨率和姿势、多种角度、不同遮挡程度以及不同光照程度等因素。下载地址如下：http://vis-www.cs.umass.edu/fddb/index.html#download。

WIDER FACE 数据集也是最具权威性的人脸检测评估基准之一，具有 32203 张图片，包含 393703 张人脸。人脸依照密集度、角度、遮挡以及光照等程度分为三个等级：Easy、Medium 和 Hard。下载地址如下：http://mmlab.ie.cuhk.edu.hk/projects/WIDERFace/。

本节所使用的图像序列来自 OTB 数据基准中 Girl 和 FaceOcc1 两个图像序列。其中，Girl 图像序列的特点是人脸角度实时变化，FaceOcc1 图像序列的特点是遮挡程度由小到大实时变化。下载地址如下：http://cvlab.hanyang.ac.kr/tracker_benchmark/datasets.html。

4.4　基于深度学习的目标检测模型简介

深度学习的出现带动了人工神经网络的发展，深度学习具有几个主要的分支：卷积神经网络（CNN）、循环神经网络（loop neural network，LNN）、递归神经网络（recursive neural network，RNN）以及长短时记忆网络（long and short time memory network，LSTM）等。其中，CNN 在计算机视觉领域中占有主要地位，能很好地提高检测、定位、分割以及分类的精度。近年来，CNN 在目标检测领域中取得巨大突破，成为现如今最先进的目标检测方法。目标检测的关键是目标分类及其定位，其检测性能的强弱依赖特征的选择，而 CNN 的强大之处在于其深层结构，具有自动学习特征的能力，并且不同层次学习不同的特征：低层的卷积层能表达图像的细节信息，学习图像的局部区域特征，有利于目标的定位；高层的卷积层能表达图像的语义信息，学习深层次的抽象特征，对目标在图像中的位置不敏感，具有平移不变的特性，有利于目标的分类。

如图 4.1 所示，基于 CNN 的目标检测主要分为两大类：基于回归的目标检测和基于候选区域的目标检测。基于回归的目标检测又称作一阶段目标检测，由提取特征图的基础网络、直接用于位置和分类回归的元结构以及损失函数等部分组成。基于候选区域的目标检测又称作二阶段目标检测，与基于回归的目标检测不同的是其元结构由两个部分组成：候选区域选择网络和精调网络。其中，候选区域选择网络用于选择图像中可能具有的某一类目标和粗略地得到目标对象的位置；精调网络用于对目标分类和精确地得到目标对象的位置。以下将介绍人工神经网络和基于 CNN 的目标检测网络的各个结构。

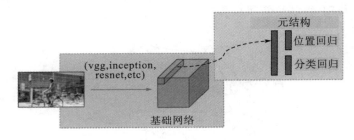

(a) 基于回归的目标检测

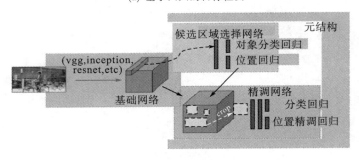

(b) 基于候选区域的目标检测

图 4.1　基于卷积神经网络的目标检测

注：vgg、inception、etc 即几种典型的基础网络，这里是示意的作用。

4.4.1　人工神经网络算法原理

如图 4.2 所示，人工神经元源于脑部神经学说，人工神经元中输入的加权和对应神经元的树突，人工神经元的激活函数对应神经元的轴突，人工神经元的输出对应神经元的神经末梢，多个人工神经元的全连接构成人工神经网络。

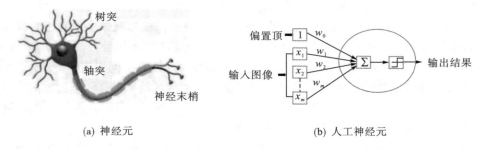

(a) 神经元   (b) 人工神经元

图 4.2   神经元与人工神经元

      图 4.3 为具有一个隐藏层的人工神经网络，在人工神经网络中除了输入层和输出层，其余都为隐藏层。x 为输入层，w_{ji} 为输入层到隐藏层的权重，y 为隐藏层的输出，w_{kj} 为隐藏层到输出层的权重，z 为输出层，t 为目标向量即监督学习中的标签，图中"圆形"表示加权和 Σ 与激活函数 $f(*)$ 的组合。人工神经网络分为两个过程：前馈的测试过程和反向传播的训练过程。前馈的测试过程利用反向传播训练好的权重输出预测向量；反向传播的训练过程利用 BP 算法更新权重参数。

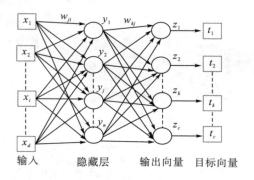

图 4.3   人工神经网络

      前馈的测试过程如下：

$$\text{net}_j = \sum_{i=1}^{d} x_i w_{ji} + w_{j0} = \sum_{i=0}^{d} x_i w_{ji} \equiv w_j^t x \tag{4-1}$$

$$y_j = f(\text{net}_j) \tag{4-2}$$

$$\text{net}_k = \sum_{i=1}^{n} y_j w_{kj} + w_{k0} = \sum_{i=0}^{n} y_j w_{kj} \equiv w_k^t y \tag{4-3}$$

$$z_k = f(\text{net}_k) \tag{4-4}$$

式中，net_j 为网络中第 j 层(输入到隐含层)的加权和，net_k 表示网络中第 k 层(隐含层到输出)的加权和。由此可见，人工神经网络的前馈测试过程就是一系列的加权和以及非线性映射过程，$f(*)$ 又称作非线性映射函数，常用的有符号函数、Sigmoid 函数以及 tanh 函数等。

反向传播的训练过程如下。

反向传播就是利用梯度下降法将"误差"从输出层传回隐藏层，实现输入到隐藏层的一个权值学习，其中梯度下降法遵循链式求导法则。首先考虑训练的目标函数（损失函数），目标函数定义为真实值（期望值）与预测值（实际值）差的平方和的 1/2，系数设定为 1/2 主要为了求导时计算方便，公式如下：

$$J(w) = \frac{1}{2}\sum_{k=1}^{c}(t_k - z_k)^2 = \frac{1}{2}\|t - z\|^2 \tag{4-5}$$

式中，w 表示网络中所有权值参数，t 和 z 分别表示目标向量和输出向量，且长度为 c。

w 首先随机初始化，然后采用负局部梯度调整，使得目标函数逐渐减小：

$$\Delta w = -\eta \frac{\partial J}{\partial w} \tag{4-6}$$

式中，η 为学习率，表示权重参数变化的幅度。

现分析图 4-3 的三层人工神经网络的反向传播的过程，由于权重的随机初始化，实际输出值和期望值是已知的，因此只需要根据链式求导法则从后向前更新权重即可。

$$\frac{\partial J}{\partial w_{kj}} = \frac{\partial J}{\partial \text{net}_k} \cdot \frac{\partial \text{net}_k}{\partial w_{kj}} = -\delta_k \frac{\partial \text{net}_k}{\partial w_{kj}}$$
$$\frac{\partial \text{net}_k}{\partial w_{kj}} = y_j \tag{4-7}$$

式中，δ_k 为第 k 层网络的敏感度，描述总体误差随网络激发而变化的情况，定义为

$$\delta_k = -\frac{\partial J}{\partial \text{net}_k} = -\frac{\partial J}{\partial z_k} \cdot \frac{\partial z_k}{\partial \text{net}_k} = (t_k - z_k)f'(\partial \text{net}_k) \tag{4-8}$$

综上可知，第 k 层的权重更新为

$$\Delta w_{kj} = \eta \delta_k y_j = \eta(t_k - z_k)f'(\partial \text{net}_k)y_j \tag{4-9}$$

第 j 层的权重更新较为复杂一些，利用了第 k 层的更新结果。再次使用链式求导法则（三级）：

$$\frac{\partial J}{\partial w_{ji}} = \frac{\partial J}{\partial y_j} \cdot \frac{\partial y_j}{\partial \text{net}_j} \cdot \frac{\partial \text{net}_j}{\partial w_{ji}} \tag{4-10}$$

式中，$\frac{\partial J}{\partial y_j}$ 包含权重 w_{kj}，变换如下：

$$\begin{aligned}
\frac{\partial J}{\partial y_j} &= \frac{\partial}{\partial y_j}\left[\frac{1}{2}\sum_{k=1}^{c}(t_k - z_k)^2\right]\\
&= -\sum_{k=1}^{c}(t_k - z_k)\frac{\partial z_k}{\partial y_j}\\
&= -\sum_{k=1}^{c}(t_k - z_k)\frac{\partial z_k}{\partial \text{net}_k}\frac{\partial \text{net}_k}{\partial y_j}\\
&= -\sum_{k=1}^{c}(t_k - z_k)f'(\partial \text{net}_k)w_{kj}
\end{aligned} \tag{4-11}$$

由式 (4-10) 和式 (4-11) 可知，可以按照式 (4-7) 的方式定义第 j 层网络的敏感度 δ_j：

$$\delta_j = \frac{\partial y_j}{\partial \mathrm{net}_j} \sum_{k=1}^{c} w_{kj} \delta_k = f'(\mathrm{net}_j) \sum_{k=1}^{c} w_{kj} \delta_k \tag{4-12}$$

由式 (4-7) 和式 (4-12) 可知，输入到隐藏层的敏感度是隐藏层到输出敏感度的加权和，权重就是隐藏层到输出的权重 w_{kj} 与 $f'(\mathrm{net}_j)$ 的乘积。故输入到隐藏层的权重的学习规律是

$$\Delta w_{ji} = \eta x_i \delta_j = \eta \left[\sum_{k=1}^{c} w_{kj} \delta_k \right] f'(\mathrm{net}_j) x_i \tag{4-13}$$

式 (4-8) 和式 (4-13) 给出了权重的学习规则，即反向传播算法，也可以说"误差"的反向传播，因此本节中提到的"误差"均为敏感度 δ_k。

上述为三层人工神经网络的前向预测过程和反向训练过程，同理，较多层的人工神经网络的计算过程也是如此。深层的人工神经网络的模型复杂并且每层都是全连接，导致过拟合和消耗过多计算机资源，不具备较好的泛化能力和运行速度。因此，具有各种防止过拟合策略以及参数共享机制的 CNN"应运而生"，CNN 的训练过程和测试过程与人工神经网络大致相同。

4.4.2　卷积神经网络基础

1. 基础网络

在深度学习领域，检测、定位、分类以及分割等计算机视觉四大任务是通过使用不同的网络来实现的，网络的完整结构基本都由基础网络和元结构组成。基础网络主要用来提取不同目标的特征，元结构主要根据相应任务对特征进行处理。在目标检测任务中，基础网络的选择十分重要，不仅要考虑特征提取的效果，同时还要兼顾时间计算复杂度。网络层数太浅只能提取目标的表层信息，如颜色、纹理、形状等信息，无法提取高层语义信息；网络层数太深可能导致在特征提取过程中出现梯度消失或梯度爆炸。对于浅层网络，其解决方案是适度增加网络层数以便提取到更有效的信息，对于深层网络，其解决方案是预训练后微调和构建残差结构。

在基于 CNN 的目标检测中，基础网络是摒弃分类层的 CNN，用于提取图像的特征图。因此很多用于特征提取的 CNN 包括 VGGNet、Resnet、InceptionNet 以及 MobileNet 等都可以作为基础网络。CNN 主要包括输入层、卷积层、激活函数、池化层和全连接层等。卷积层是 CNN 的核心，模仿生物学中大脑皮层的感受野思想，具有权重共享的特点，较全连接的人工神经网络大大地减少了参数数量，并且具有分类要求的平移不变性。

图 4.4 为"Valid"类型卷积示意图，即滤波器在图像内部按照步长为 1 的方式卷积，卷积后的特征图大小比原图小，并且输出特征图的数量和滤波器的数量相同；还有一种为"Same"类型卷积，即滤波器的中心对准图像的每个像素按照一定步长卷积，卷积后的特征图大小和原图相同；"⊗"表示卷积计算符号；图像的卷积计算有很多种表达方式，最简单的一种表达是加权和再加上偏置项 b，如式 (4-14) 所示：

$$\begin{bmatrix} x_{11} & x_{12} & \cdots & x_{1i} \\ x_{21} & x_{22} & \cdots & x_{2i} \\ \vdots & \vdots & & \vdots \\ x_{j1} & x_{j2} & \cdots & x_{ji} \end{bmatrix} \otimes \begin{bmatrix} w_{11} & w_{12} & \cdots & w_{1i} \\ w_{21} & w_{22} & \cdots & w_{2i} \\ \vdots & \vdots & & \vdots \\ w_{j1} & w_{j2} & \cdots & w_{ji} \end{bmatrix} + b = \sum_{k=1}^{i} \sum_{d=1}^{j} x_{dk} w_{dk} + b \tag{4-14}$$

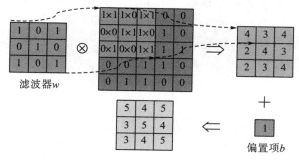

图 4.4　卷积计算示意图

在卷积层之后通常会有激活函数，激活函数是一个非线性映射函数，主要思想是将原本线性不可分的数据，映射到另外一个维度空间，使其变得线性可分，常用的激活函数有 Sigmoid 函数、tanh 函数以及 ReLU 系列函数等：

$$f(z) = \frac{1}{1 + e^{-z}} \tag{4-15}$$

$$\tanh(x) = \frac{e^x - e^{-x}}{e^x + e^{-x}} \tag{4-16}$$

$$f(x) = \max(0, x) = \begin{cases} x, & x \geq 0 \\ 0, & x < 0 \end{cases} \tag{4-17}$$

$$f(x) = \max(ax, x) \tag{4-18}$$

$$f(x) = \begin{cases} x, & x > 0 \\ \alpha(e^x - 1), & \text{其他} \end{cases} \tag{4-19}$$

式(4-15)为 Sigmoid 函数，其优点有：①函数平滑，便于求导；②压缩数据分布的变化幅度；③适用于前向传播。缺点有：①容易出现梯度消失现象，当数据分布在函数的饱和区时，梯度无限接近于零；②输出非零均值信号，对网络的训练梯度造成影响；③幂运算的计算复杂度较高。

式(4-16)为 tanh 函数，将输入的特征值压缩到[-1,1]，输出零均值的信号，但同样存在幂运算和梯度消失的问题。

式(4-17)为 ReLU 函数，不是连续可导的函数，其优点有：①利用随机梯度下降算法训练网络时，收敛速度较快；②计算复杂度较低；③对反向传播的适应性较高。缺点有：①出现神经元死亡现象，一些神经元可能不会被激活，对应的参数不更新；②不能压缩数据分布的变化幅度，导致数据的变化幅度随着模型层次的加深不断扩大。

式(4-18)为 Leakly ReLU 函数(LReLU)，公式中的参数 α 是可学习的，在一定程度上能缓解神经元死亡现象，但效果不一定比 ReLU 好。

式(4-19)为指数线性函数，具有 ReLU 的大多数优点，能解决神经元死亡现象，输出特征图的均值接近零，缺点是指数运算的计算复杂度较高。

综上可知，对于不同的任务和网络的卷积结构可以选择不同的激活函数，通常研究者们会选择 ReLU 系列函数。CNN 训练过程中，每一层卷积相当于一次映射，会改变原有的数据分布。当数据分布在激活函数的饱和区边缘时，会造成梯度消失现象的产生，导致参数不再更新，训练不再收敛。批次归一化算法可以训练两个参数，用于调整数据分布，使之接近标准正态分布，将数据聚集在激活函数的中心，合理地避免训练时梯度的消失现象和 Dropout 比例等复杂的参数设定：

$$\mu_B = \frac{1}{m}\sum_{i=1}^m x_i \tag{4-20}$$

$$\sigma_B^2 = \frac{1}{m}\sum_{i=1}^m (x_i - u_B)^2 \tag{4-21}$$

$$\hat{x}_i = \frac{x_i - \mu_B}{\sqrt{\sigma_B^2 + \epsilon}} \tag{4-22}$$

$$BN_{\gamma,\beta(x_i)} = \gamma \hat{x}_i + \beta \tag{4-23}$$

式中，m 是随机梯度下降算法中，一个训练批次的数量；γ 和 β 为可训练的两个参数；μ_B 是特征向量 x_i 的均值；σ_B^2 是方差；$\hat{x}_i$ 是归一化 x_i；ϵ 是为了避免除数为零时所使用的微小正数；BN(batch normalization) 为批次归一化。

图 4.5 是步长为 2、池化区域为 2×2 的计算示意图，一般有两种计算方式：最大池化和平均池化。池化层能够扩大 CNN 的感受野，使网络学习更加抽象的特征以及更加丰富的语义信息，并且能够加强网络的平移不变性、尺度不变性以及一定的旋转不变性，还可以降低网络的参数以及模型复杂度，从而提高模型的泛化能力。但池化层使得网络的细节信息丢失，不利于对小或密集的目标进行检测和分割。因此，在基于 CNN 的目标检测的结构设计过程中，需要合理使用池化层。

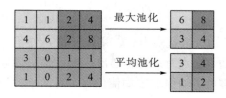

图 4.5　池化层示意图

在经过多层卷积层和池化层的处理后，特征图维度足够小且基本提取出有效特征，采用全连接层对输入层的所有参数进行权值连接，一般全连接层在 CNN 的最后几层。

2. 元结构与损失函数

在基于 CNN 的目标检测中，利用基础网络的输出特征图构建目标检测模块的结构称为元结构，元结构的输出向量用于分类回归和位置回归。

元结构分为一阶段元结构和二阶段元结构。一阶段元结构：对目标的位置和类别直接进行回归的目标检测结构，其代表有 YOLO、YOLOv3、SSD 以及 DSSD 等目标检测网络；

二阶段元结构：首先利用候选区域网络选择图像中可能具有某一类的目标和粗略地得到目标对象的位置，然后利用精调网络进行回归，其代表有 Fast R-CNN、Faster R-CNN、R-FCN 以及 RefineDet 等。

逻辑回归主要用来解决二分类问题，Softmax 分类器作为逻辑回归的延伸，主要用来解决多分类问题。逻辑回归是一种有监督学习的分类方法，其在实质上也是线性回归模型。逻辑回归的分类标签为 $y^i \in \{0,1\}$，决策函数为

$$h(x,w) = \frac{1}{1+\mathrm{e}^{-w^T x}} \tag{4-24}$$

通过决策函数计算并对样本进行评分，判断样本是否为目标后，利用损失函数来评估损失，损失函数表示为

$$L = -\frac{1}{N}\left\{ \sum_1^N y_i \log\left[h(x_i,w)\right] + (1-y_i)\log\left[1-h(x_i,w)\right] \right\} \tag{4-25}$$

针对多分类问题，分类器替换为 Softmax 分类器，则其分类标签为 $y^i \in \{1,2,\cdots,k\}$，k 表示 k 个类别标签。支持向量机（SVM）需要为每个类别单独训练分类器，而 Softmax 分类器采用归一化输出并对每个类别进行评分，映射函数表示为 $f(x_i,w) = w^i x_i$，其决策函数和损失函数表示为

$$S_i = \frac{\mathrm{e}^{V_i}}{\sum_j \mathrm{e}^{V_j}} \tag{4-26}$$

$$L_i = -\log\left(\frac{\mathrm{e}^{f_{yi}}}{\sum_j \mathrm{e}_j} \right) \tag{4-27}$$

损失函数主要作用是为学习提供一个准则和优化目标。在基于 CNN 的目标检测中，损失函数为多任务的损失相结合，主要包括位置、分类以及置信度等任务的损失，并且不同的元结构对应的损失函数的具体任务不大相同。损失函数除了式 (4-5) 的二范数损失函数外，常用的还有交叉熵损失函数：

$$C = -\frac{1}{n}\sum_x [y\ln a + (1-y)\ln(1-a)] \tag{4-28}$$

式中，n 为训练样本数，y 为真实值，a 为预测值。

4.4.3 基于回归的目标检测

基于 CNN 的目标检测主要分为两大类，首先介绍基于回归的目标检测即一阶段目标检测的代表作 YOLO 网络。

YOLO 网络由 Redmon 等提出，它将目标检测视为一个回归问题，没有候选区域选择的过程，是一个单独端到端的网络，以牺牲少量的检测精度获得检测速度的大幅度提高，在 Titan X GPU 上测试可达到 45fps 的检测速度。

由图 4.6 可知，YOLO 的基础网络结构和 GoogLeNet 相似，用 1×1 和 3×3 的卷积核替代了 GoogLeNet 中 Inception 结构，1×1 的卷积核是为了实现跨通道的信息整合，整个网络结构包括 24 个卷积层和 2 个全连接层。

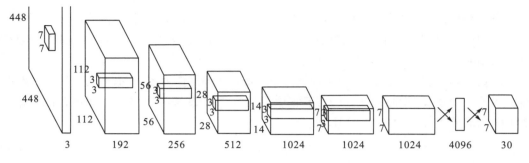

图 4.6　YOLO 网络结构

由图 4.7 所示，YOLO 将一张输入图片分为 $s×s$ 的网格，若某个目标的中心落入某一个网格单元内，该网格单元负责检测这个目标。每个网格单元预测 B 个边界框和每个边界框对应的目标位置的置信度：Confidence $= Pr(\text{object}) \times \text{IOU}_{\text{pred}}^{\text{truth}}$，式中 $Pr(\text{object})$ 为指示函数，表示边界框中是否包含目标；$\text{IOU}_{\text{pred}}^{\text{truth}}$ 表示预测的边界框和真实框的重合度。每个边界框预测四个位置信息，分别为中心点坐标 (x, y)、宽 (w)、高 (h)；每个网格单元还预测 C 个物体类别可能的条件概率 $Pr(\text{Class}_i \mid \text{object})$。这些预测结果被编码为 $s \times s \times (B \times 5 + C)$ 的张量，对于 Pascal VOC 数据集，取 $s=7$，$B=2$，则需要预测的是一个 $7 \times 7 \times 30$ 的张量。在测试时，每个网格预测第 i 类的概率和预测框适合目标的程度：$Pr(\text{Class}_i \mid \text{object}) \times Pr(\text{object}) \times \text{IOU}_{\text{pred}}^{\text{truth}} = Pr(\text{Class}_i) \times \text{IOU}_{\text{pred}}^{\text{truth}}$。

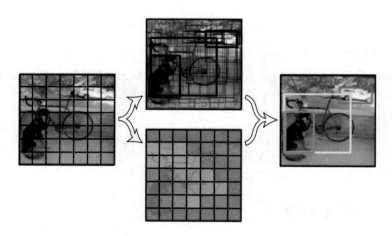

图 4.7　YOLO 默认框

输入图片中的每个网格单元预测 B 个边界框，回归过程中，希望用一个边界框预测一个目标物体，取与该目标物体的真实框重合 (intersection over union，IOU) 最大的边界框"负责"该目标物体的预测。

损失函数为

$$Loss = \lambda_{coord} \sum_{i=0}^{s^2} \sum_{j=0}^{B} l_{ij}^{obj} \left[(x_i - \hat{x}_i)^2 + (y_i - \hat{y}_i)^2 \right]$$
$$+ \lambda_{coord} \sum_{i=0}^{s^2} \sum_{j=0}^{B} l_{ij}^{obj} \left[\left(\sqrt{w_i} - \sqrt{\hat{w}_i} \right)^2 + \left(\sqrt{h_i} - \sqrt{\hat{h}_i} \right)^2 \right]$$
$$+ \sum_{i=0}^{s^2} \sum_{j=0}^{B} l_{ij}^{obj} \left[(c_i - \hat{c}_i)^2 \right] + \lambda_{noobj} \sum_{i=0}^{s^2} \sum_{j=0}^{B} l_{ij}^{noobj} \left[(c_i - \hat{c}_i)^2 \right]$$
$$+ \sum_{i=0}^{S^2} l_{ij}^{obj} \sum_{c \in classes} \left[p_i(c) - \hat{p}_i(c) \right]^2$$

$$(4\text{-}29)$$

式中，前两个子式表示四个位置信息，为了防止训练时不同大小的边界框具有相同的偏差值，用 $\sqrt{w_i}$ 和 $\sqrt{h_i}$ 代替 w_i 和 h_i；第三个子式表示置信度；对于第四个子式，当边界框中不存在目标时，严格意义为零，但为了防止训练早期发散，λ_{noobj} 为一个较低的值；第五个子式表示目标类别的预测，l_{ij}^{obj} 表示第 i 个网格中第 j 个边界框负责对目标物体进行预测。

YOLO 网络具有以下缺点：

(1)对于密集的目标、小目标召回率很低；

(2)对于形变较大的目标召回率低；

(3)对于同一类，形状差别较大的物体不具有鲁棒性。

4.4.4　基于候选区域的目标检测

基于候选区域的目标检测又称为二阶段目标检测，下面介绍其代表作：Fast R-CNN 网络和 Faster R-CNN 网络。

Girshick 等(2015)针对 R-CNN 和 SPP-net 的不足之处，提出一种端对端的训练框架 Fast R-CNN，它具有以下优势：①具有比 R-CNN 和 SPP-net 更高的 mAP；②将多任务的损失函数联合在一起，实现端对端的训练过程；③训练可以更新所有层的参数；④所有特征都暂存在显存中，不需要额外的磁盘空间存储特征。

如图 4.8 所示，Fast R-CNN 的测试过程如下：

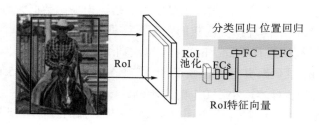

图 4.8　Fast R-CNN 网络结构

(1)输入一张完整的图片，获得卷积特征图；

(2)用选择性搜索方法提取 2000 个候选区域，对每一个候选区域在(1)中的特征图上进行坐标映射获得对应的区域；

(3)将(2)中的区域输入到感兴趣区域(RoI)池化层得到固定大小的特征图，并转换为固定长度的特征向量；

（4）（3）中的特征向量经过两个同级的全连接层，一个利用 Softmax 预测 K 个目标类和一个背景类的概率，一个用于输出每个边界框的四个位置参数值；

（5）进行非最大值抑制，选择与真实框重合度最高的边界框。

Fast R-CNN 的训练过程：

（1）将 VGG16 网络中最后一层全连接层和 Softmax 替换成两个同级的全连接层，用于预测 K+1 个类别的概率和位置回归；

（2）训练采用随机梯度下降，首先，随机取出小批次的 N 张图片，共获得 R 个候选区域，然后每张图片取 R/N 个候选区域进行训练，并且来自同一张图片的候选区域参数共享；

（3）反向传播过程中训练所有网络的权重，同时进行分类回归和位置回归网络，形成端对端的目标检测网络。

在训练过程中有四个细节。

细节一。多任务的损失函数，Fast R-CNN 中有两个输出层：一个对候选区域输出概率分布：$p = (p_0, p_1, \cdots, p_k)$，其中 p_0 为背景类的概率；一个输出位置回归的预测偏移量：$t^k = (t_x{}^k, t_y{}^k, t_w{}^k, t_h{}^k)$，$k$ 表示预测类别索引（K 个类别中第 k 类，k 为 0 时为背景类），$t_x{}^k, t_y{}^k$ 为相对于含有目标区域边界框的尺度不变的偏移，$t_w{}^k, t_h{}^k$ 为对数空间中相对于含有目标区域边界框的宽和高的偏移。多任务损失函数为

$$L(p, u, t^u, v) = L_{\text{cls}}(p, u) + \lambda[u \geq 1] L_{\text{loc}}(t^u, v) \tag{4-30}$$

式中，对于参与训练的每个 RoI 都被标记了一个真实类别索引 $u(0 \sim k)$ 和一个真实偏移量 v，$[u \geq 1]$ 表示负样本不参与位置回归。损失函数中，第一项是对真实类别 u 的损失函数：$L_{\text{cls}}(p, u) = -\log p_u$，第二项是预测偏移量和真实偏移量之间的损失：$L_{\text{loc}}(t^u, v) = \sum_{i \in \{x, y, w, h\}} \text{smooth}_{L_1}(t_i^u - v_i)$，其中，

$$\text{smooth}_{L_1}(x) = \begin{cases} 0.5x^2, & |x| < 1 \\ |x| - 0.5, & \text{其他} \end{cases} \tag{4-31}$$

式（4-31）用的是一范数损失函数，如果使用二范数损失函数必须仔细调节学习率，防止梯度爆炸；λ 用来调节两种损失函数的平衡，这里取 1。

细节二。训练过程中进行小批次的采样，每次训练两张图片并且以 0.5 概率水平翻转，每张图片取 128 个候选区域，并且设定候选区域与真实框的 IOU 在[0.5,1]区间的为正样本，在[0.1，0.5)区间的为负样本，小于 0.1 的为难例。

细节三。RoI 池化层的反向传播，Fast R-CNN 反向传播的过程中调节所有网络的参数，一定会经过 RoI 池化层，此时，损失函数对 RoI 池化层的输入的偏导数为

$$\frac{\partial L}{\partial x_i} = \sum_r \sum_j \left[i = i^*(r, j) \right] \frac{\partial L}{\partial y_{rj}} \tag{4-32}$$

式中，x_i 为 RoI 池化层的输入节点，y_{rj} 为第 r 个候选区域的第 j 个输出节点，$[i = i^*(r, j)]$ 为指示函数，表示当第 i 个输入值是否被选为输出节点，即 $y_{rj} = x_i$。反向传播时，通过链式求导法则可知，$\frac{\partial L}{\partial x_i} = \frac{\partial L}{\partial y_{rj}} \times \frac{\partial y_{rj}}{\partial x_i}$，当 $\left[i = i^*(r, j) \right] = 1$ 时，$\frac{\partial L}{\partial x_i} = \frac{\partial L}{\partial y_{rj}}$。

例如：$x_i = \begin{bmatrix} x_1 & x_2 & x_3 \\ x_4 & x_5 & x_6 \\ x_7 & x_8 & x_9 \end{bmatrix}$ 为卷积特征图中一块 3×3 的特征图，$\begin{bmatrix} x_1 & x_2 \\ x_4 & x_5 \end{bmatrix}$、$\begin{bmatrix} x_5 & x_6 \\ x_8 & x_9 \end{bmatrix}$ 为

两个 RoI 对应的特征，假设 x_5 被选为输出节点，则 $x_5 = \max(x_i)$，对于第一个 RoI，经过

RoI 池化层后的输出为 $y_{1j} = x_5$，则 $\dfrac{\partial L}{\partial x_i} = \begin{bmatrix} 0 & 0 & x_3 \\ 0 & \dfrac{\partial L}{\partial y_{1j}} & x_6 \\ x_7 & x_8 & x_9 \end{bmatrix}$，同理对于第二个 RoI，

$\dfrac{\partial L}{\partial x_i} = \begin{bmatrix} x_1 & x_2 & x_3 \\ x_4 & \dfrac{\partial L}{\partial y_{2j}} & 0 \\ x_7 & 0 & 0 \end{bmatrix}$。由此可知一个输入节点可能和多个输出节点相关联。

　　细节四。随机梯度下降(stochastic gradient descent，SGD)超参数选择，基础网络被 ImageNet1000 分类的数据集训练出的参数初始化，用于 RoI 分类的全连接层以符合零均值、标准差为 0.01 的高斯分布的数据初始化，用于位置回归的全连接层以符合零均值、标准差为 0.001 的高斯分布的数据初始化。

　　为了加快训练速度，可以利用奇异值分解(singular value decomposition，SVD)算法对两个同级的全连接层进行截断，以牺牲少量的 mAP，获得大幅度的提速。

　　Fast R-CNN 网络使基于 CNN 的目标检测算法变得更加简洁，将多任务的损失函数联合在一起，实现了端对端的训练过程，可以训练所有层次的参数，相比较 SPP-net 网络只能调节金字塔池化层后面的全连接层的参数，既提高了检测精度和速度(检测速度比 R-CNN 快 213 倍)，又节省了大量的存储特征的磁盘空间。其缺点是检测精度和速度依赖于选择性搜索等方法提取的候选区域，因此，这不是一个完全端到端的目标检测网络。

　　Faster R-CNN 在 Fast R-CNN 的基础上添加了一个全卷积的 RPN 网络，用回归的方式提取 RoIs，替代了 EdgeBoxes、选择性搜索等方法。之前，也有过类似的方法用深度网络去预测目标物体的边界框，在 OverFeat 方法中，用一个全连接层去预测单一目标的边界框的坐标；在 MultiBox 中在最后一层全连接层中生成一些多目标的候选区域；而 Faster R-CNN 中全卷积的 RPN 网络和 Fast R-CNN 网络交替训练，交替过程中实现卷积特征共享，减少了大量的卷积计算，也使得两个网络快速收敛。

　　图 4.9 所示为 RPN 和 Fast R-CNN 共享卷积特征，首先，向基础网络中输入一幅完整的图片得到特征图；其次，将特征图输入到 RPN 网络中预测一组候选区域；最后，将预测的候选区域输入到 Fast R-CNN 中预测目标类别和位置。

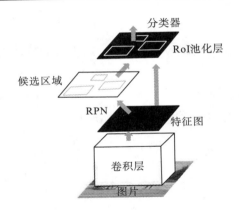

图 4.9　Faster R-CNN 网络结构

图 4.10 为 RPN 网络结构，用一个 $n×n$ 的滑动窗口与卷积特征图进行卷积，卷积后的特征图大小不发生变化，相当于卷积后的每个点融合了周围 $n×n$ 区域的信息，这里滑动窗口的大小为 3×3，要注意的是：这个 3×3 的滑动窗口的中心点与输入图片中具有不同尺度和长宽比的同心区域的中心点相对应。这些同心区域就是"锚"。由于卷积特征图有 256个，故得到一个 256 维的特征，再用两个不同的 1×1 的卷积核进行卷积，得到两个特征向量，一个用于预测 $2k$ 个得分（目标和背景），一个用于预测 $4k$ 个位置偏移量。

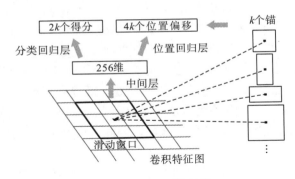

图 4.10　RPN 网络结构

$$L\left(\{p_i\},\{t_i\}\right) = \frac{1}{N_{\text{cls}}}\sum_i L_{\text{cls}}\left(p_i, p_i^*\right) + \lambda \frac{1}{N_{\text{reg}}}\sum_i p_i^* L_{\text{reg}}\left(t_i, t_i^*\right) \tag{4-33}$$

式中，$L_{\text{cls}}\left(p_i, p_i^*\right)$ 为目标和背景两个类别的损失函数；N_{cls} 为一个批次"锚"的数量(256)；N_{reg} 为"锚"出现的所有位置，即最后一层卷积特征层的大小（大约为 2400）；λ 用于调节两个损失函数的平衡；其余参数和 Fast R-CNN 相同，不再赘述。

RPN 网络训练过程中正、负样本的选择包括四步。

(1) 每个批次取一张图片上的 256 个"锚"；

(2) 图片中每一个真实框与 256 个"锚"作对比，IOU 最大的"锚"作为正样本；

(3) 将(2)中剩余的"锚"与某个真实框 IOU 大于 0.7 的作为正样本，小于 0.3 的"锚"作为负样本；

　　(4)舍去(2)和(3)中剩余的"锚"和超越图像边界的"锚"。

　　RPN 网络与 Fast R-CNN 网络交替训练包括五步。

　　(1)用 ImageNet 预训练的模型初始化 RPN 网络,利用正、负样本进行微调,获取候选区域;

　　(2)用 ImageNet 预训练的模型初始化 Fast R-CNN 网络,用(1)得到的候选区域进行微调,这两个步骤单独训练,不共享卷积层;

　　(3)用(2)中训练好的 Fast R-CNN 网络初始化 RPN,固定共享卷积层,继续训练 RPN,获得候选区域;

　　(4)用(3)中获得的候选区域对 Fast R-CNN 网络进行微调,固定共享卷积层;

　　(5)最后对 RPN 网络与 Fast R-CNN 网络进行交替训练。

　　Faster R-CNN 是完全端对端的网络结构,用 RPN 网络结构代替了选择性搜索(selective search,SS)等方法,提高了检测精度和速度,在训练过程中,两个任务的网络交替训练,实现卷积特征共享,减少了大量的卷积计算,也使得两个网络快速收敛。Faster R-CNN 在 GPU 的实际检测速度为 5~17 fps。缺点是每张图片有多个 RoIs,检测时全连接层的计算不共享,重复计算成本较高,不符合实时性原则。

4.5　基于 MS+KCF 的快速人脸检测

　　随着计算机技术的不断发展,计算机性能不断提高,人脸检测技术作为计算机视觉领域中的一个重要分支也取得了巨大的突破,如今,人脸检测在门禁系统、智能监控、智能摄像头等方面有着广泛的应用。人脸检测也是一种富有挑战性的技术,对于图像序列中角度变化较大、遮挡较为严重的人脸如何实时稳定地检测,已成为应用中亟待解决的问题。目前,利用浅层特征的传统方法已经满足不了需求,因此深层次的 CNN 是如今检测技术研究的重点和热点。

　　传统的人脸检测方法众多,但都具有以下特点:①需要人工选择特征,其过程复杂,目标检测效果的优劣完全取决于研究人员的先验知识;②以窗口区域遍历图像的方式检测目标,在检测过程中有很多冗余窗口,时间复杂度高,并且对图像序列中角度变化较大、遮挡较为严重的人脸检测效果欠佳。

　　近年来,CNN 在目标检测领域中取得巨大突破,成为目前最先进的目标检测方法。CNN 在目标检测上的标志性成果是 Girshick 等在 2014 年提出的 R-CNN 网络,在 VOC 上测试的 mAP 是 DPM 算法的两倍。自从 R-CNN 出现以后,基于 CNN 的目标检测在 VOC 数据集中的表现占据主导地位,主要分为两大类:①基于候选区域的目标检测,其中代表作是 Faster R-CNN、R-FCN、Mask R-CNN 等;②基于回归的目标检测,代表作是 YOLO、SSD 等。Huang 等(1997)详细阐述了元结构(SSD、Faster R-CNN 和 R-FCN)的检测精度与速度之间折中的方法。除此之外,一些级联的人脸检测方法也具有不错的效果,例如,Chen 和 Wang(2015)的 Joint Cascade 方法利用人脸检测和人脸的标记点检测进行级联,在传统的人脸检测方法中具有较高的检测效果。Zhang 等(2012)的 MTCNN(multi-task cascaded convolutional network，多任务级联卷积网络)网络利用三个卷积网络级联、"从粗到精"的算法结构对人脸进行检测，具有较高的召回率，但训练网络时需要用到三种不同的数据集，较为烦琐。Yang 等(2016)的 Faceness 网络利用头发、眼睛、鼻子、嘴巴和胡子这五个特征来判断所检测目标是否为人脸，具有较高的检测精度，但其不满足实时性准则。

在实际工程应用中，大多数是在图像序列中对人脸进行检测，而不是静态图片。并且要求实时稳定地对角度变化较大以及遮挡面积较大的人脸进行检测。因此本节利用 2017 年 Howard 等提出的 MobileNet 基础网络与 SSD 网络相结合，能够很好地兼顾检测速度和精度，并对参数进行调整，使其符合二分类(人脸目标和背景)的人脸检测任务，再利用核相关滤波(kernelized correlation filters，KCF)跟踪器对检测到的人脸进行稳定的跟踪，形成检测—跟踪—检测(detection tracking detection，DTD)循环更新模型，DTD 模型不但能解决多角度和遮挡的人脸检测问题，而且能大大地提高图像序列中人脸目标的检测速度。

4.5.1 系统总体流程

图 4.11 为系统总体流程图：首先读取图像序列，利用 MobileNet-SSD(MS)网络对图像进行检测。然后进行跟踪模型更新，将检测到人脸目标的坐标信息传递给 KCF 跟踪器，将其作为跟踪器的基础样本框，并对样本框附近进行样本采样和训练，用来预测下一帧人脸目标的位置。最后，为了防止跟踪时人脸目标丢失的现象，跟踪数帧后再次更新检测模型，对人脸目标重新检测定位。

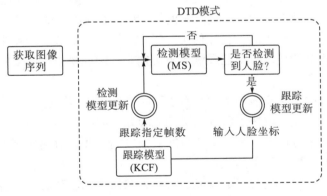

图 4.11   系统总体流程图

4.5.2 MobileNet-SSD 网络相关原理

1. MobileNet 基础网络

MobileNet 基础网络的提出主要是由于网络层数的逐步加深，造成网络模型的计算复杂度迅速增加，在现实环境中也会因为如此大的计算量而难以实现应用。在深度学习研究中，既要考虑网络模型的准确率，同时也要考虑实时性。因此研究人员在对不同网络进行研究后，主要提出两个解决方案：①对深层网络压缩得到小型网络模型；②直接采用小型网络模型对数据进行训练。在这种情况下，MobileNet 应运而生。

图 4.12 是 MobileNet 网络的卷积层结构，是由卷积核为 3×3 和 1×1 的两个卷积层连续卷积并在卷积层后添加 BN(batch normalization，批量归一化)与 ReLU 处理的深度分离卷积结构。该卷积结构不仅降低了计算复杂度，同时也提高了网络收敛速度。例如，对于 M 个尺度为 $W_1 \times W_1$ 的特征图，采用 N 个尺度为 $W_2 \times W_2$ 的卷积核提取特征，常用卷积的计算复杂度是 $W_1 \times W_1 \times M \times N \times W_2 \times W_2$，而对于 MobileNet 卷积层的计算复杂度为 $W_1 \times W_1 \times M \times W_2 \times W_2 + M \times N \times W_2 \times W_2$，可以得知 MobileNet 卷积层的计算复杂度远远低于常规卷积层。同时该卷积层采用 BN 算法提高了收敛速度，在训练时可以避免梯度消失。

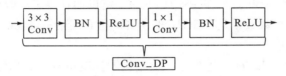

图 4.12　MobileNet 卷积层结构

表 4-1 为 MobileNet 网络结构，是包含 27 层卷积层的基础网络，其连续采用了 13 个深度分离卷积结构，"*"表示深度可分离卷积，计算复杂度相比常规卷积结构呈指数级减少。MobileNet 网络是一个较深层的网络，同时计算复杂度不高，对于同时要求精度和速度的任务是合理的选择。

表 4-1　MobileNet 网络结构

处理方式	卷积核尺度	步长	卷积核数	输出尺度
Conv_BN_ReLU	3×3	2	32	208×208
Conv1_DP	3×3*, 1×1	1	32/64	208×208
Conv2_DP	3×3*, 1×1	2	64/128	104×104
Conv3_DP	3×3*, 1×1	1	128/128	104×104
Conv4_DP	3×3*, 1×1	2	128/256	52×52
Conv5_DP	3×3*, 1×1	1	256/256	52×52
Conv6_DP	3×3*, 1×1	2	256/512	26×26
Conv7_DP	3×3*, 1×1	1	512/512	26×26
Conv8_DP	3×3*, 1×1	1	512/512	26×26
Conv9_DP	3×3*, 1×1	1	512/512	26×26
Conv10_DP	3×3*, 1×1	1	512/512	26×26
Conv11_DP	3×3*, 1×1	1	512/512	26×26
Conv12_DP	3×3*, 1×1	2	512/1024	13×13
Conv13_DP	3×3*, 1×1	1	1024/1024	13×13

2. MobileNet-SSD 结构

在基于 CNN 的目标检测方法中，用于提取特征图的网络被称为基础网络(如 VGG、ResNet-101、Inception v2 等网络)，而用于分类回归和边界框回归的结构被称为元结构。

因此，现存的基于 CNN 的目标检测方法可以认为是基础网络和元结构的组合，不同的组合具有不同的分类效果。在人脸检测任务中，为了兼顾检测速度和精度，本节选用 MobileNet-SSD（MS）这种组合形式。

MS 网络结构包括四个部分：第一部分为输入层，用于输入图片；第二部分为 MobileNet 基础网络，用于提取输入图片的特征；第三部分为 SSD 元结构，用于分类回归和边界框回归；第四部分为输出层，用于输出检测结果。

1）MobileNet 特征提取原理

深度学习正在向手机等嵌入式设备发展，为了达到实时性需求，对基础网络的参数数量有很高的限制，因此 MobileNet 网络应运而生，它以牺牲少量的分类精度换取大量的参数减少。MobileNet 的参数数量是 VGG16 的 1/33，在 ImageNet-1000 分类的任务中具有和 VGG16 相当的分类精度。

如图 4.13 所示，MobileNet 改进版卷积层结构即深度可分离卷积结构（Conv_Dw_Pw），由深层卷积（depthwise layers，Dw）结构和点卷积（pointwise layers，Pw）结构组成。其中，Dw 结构由 3×3 的卷积、批量归一化（BN）以及激活函数组成，Pw 结构由 1×1 的卷积、BN 以及激活函数组成。如式（4-34）所示，本节针对人脸检测应用改进 MobileNet，将激活函数 ReLU 更改为 ReLU6，具有较高的训练收敛速度，并且改善了过拟合现象。

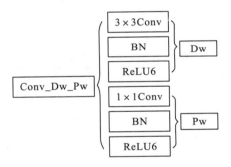

图 4.13　MobileNet 改进版卷积层结构

$$y = \min\left[\max(z,0),6\right] \tag{4-34}$$

式中，z 表示卷积特征图中每一个特征值。

MobileNet 基本卷积结构设计得很巧妙：①深度可分离的卷积结构大大减少了计算量，并且加快了训练时收敛的速度，其原因如式（4-35）所示：

$$G_N = \sum_M K_{M,N} \times F_M \tag{4-35}$$

式（4-35）为标准卷积的计算式，F_M 为 0 填充（zero padding）后的输入图像（包括特征图），$K_{M,N}$ 为滤波器，M 表示卷积时输入图像的通道数，N 表示输出的通道数。因此，当输入通道数为 M、大小为 $D_F \times D_F$ 的图像时，如果想得到 N 个大小为 $D_K \times D_K$ 的输出特征图，则需要通道数为 M、大小为 $D_K \times D_K$ 的 N 个滤波器。此时计算代价为：$D_K \times D_K \times M \times N \times D_F \times D_F$。然而，在深度可分离卷积过程中，对于和标准卷积同样的输入和输出，其总的计算代价为：$D_K \times D_K \times 1 \times M \times D_F \times D_F + 1 \times 1 \times M \times N \times D_F \times D_F$。

通过以上分析可知，深度可分离卷积方式与标准卷积方式的计算量比例为

$$\frac{D_K \times D_K \times 1 \times M \times D_F \times D_F + 1 \times 1 \times M \times N \times D_F \times D_F}{D_K \times D_K \times M \times N \times D_F \times D_F} = \frac{1}{N} + \frac{1}{D_K^2} \tag{4-36}$$

对于卷积核大小为 3×3 的卷积过程，计算量可减少为原来的九分之一。可见这样的结构极大地减少了计算量，有效加快了训练与识别的速度。

在卷积神经网络训练的过程中，每一层卷积都会改变数据的分布。如果数据分布在激活函数的边缘，将会造成梯度消失，使得参数不再更新。BN 算法通过设置两个可以学习的参数来调整数据的分布(类似于标准正态分布)，避免了训练过程中的梯度消失现象和复杂的参数(学习率、Dropout 比例等)设定。

2) SSD 元结构

SSD 网络是一种回归模型，利用不同卷积层输出的特征进行分类回归和边界框回归，不仅较好地缓解了平移不变性和平移可变性之间的矛盾，而且对检测精度和速度有较好的折中，即在提高检测速度的同时具有较高的检测精度。

图 4.14 为选自基础网络中不同卷积层输出的特征图，每一个特征图单元都有一系列不同大小和宽高比的 k 个框，这些框被称为默认框。每个默认框都需要预测 b 个类别得分和 4 个位置偏移。因此，对于大小为 $w \times h$ 的特征图，需要预测 $b \times k \times w \times h$ 个类别得分和 $4 \times k \times w \times h$ 个位置偏移。因此需要 $(b+4) \times k \times w \times h$ 个 3×3 的卷积核对该特征图进行卷积，将卷积的结果作为最终的特征，进行分类回归和边界框回归。本节是人脸单个类别的检测，因此 b 等于 1。

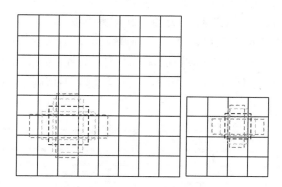

图 4.14　不同卷积层输出的特征图

$$S_k = S_{\min} + \frac{S_{\max} - S_{\min}}{m-1}(k-1), \quad k \in [1, m] \tag{4-37}$$

式中，m 为用于分类回归和边界框回归的特征图个数。对于默认框的宽高取 5 种比例尺度 $a_r = \{1, 2, 3, 0.5, 0.33\}$，每个默认框的宽高分别为 $w_k^a = S_k \sqrt{a_r}$，$h_k^a = S_k / \sqrt{a_r}$，并且当宽高比为 1 时，增加一个默认框 $S_k' = \sqrt{S_k S_{k+1}}$。每个默认框的中心为 $((i+0.5)/|f_k|, (j+0.5)/|f_k|)$，$|f_k|$ 为第 k 个特征单元的大小，$i, j \in [0, |f_k|]$。区域 A 与区域 B 的重合度指标 IOU 按式(4-38)计算：

$$IOU = \frac{area(A)\,|\,area(B)}{area(A)\bigcup area(B)} \tag{4-38}$$

当默认框与某一类别的标定框(ground-truth box)的重合度大于 0.5 时，则该默认框与该类别的标定框相匹配。

SSD 是一个端到端的训练模型，其训练时的总体损失函数包括分类回归的置信损失 $L_{conf}(s,c)$ 和边界框回归的位置损失 $L_{loc}(r,l,g)$，定义为

$$L(s,r,c,l,g) = \frac{1}{N}\Big[L_{conf}(s,c) + \alpha L_{loc}(r,l,g)\Big] \tag{4-39}$$

式中，α 用于平衡两种损失；s, r 分别表示用于置信损失和位置损失的输入的特征向量；c 表示分类置信度；l 表示预测的偏移量，包括中心点坐标的平移偏移和边界框宽高的缩放偏移；g 为目标实际位置的标定框；N 为默认框与该类别的标定框相匹配的个数。

3. MobileNet-SSD 人脸检测网络

在人脸检测任务中，MobileNet 巧妙的结构大大地降低了计算复杂度，但是 MobileNet 的 Pw 结构改变了 Dw 结构输出数据的分布，这是其分类精度降低的主要原因。

为了防止 MobileNet 的卷积结构带来的精度损失，本节舍去 MobileNet 的全连接层，额外增加 8 层标准卷积层，用于扩大特征图的感受野，调整数据分布和加强分类任务要求的平移不变性。为了防止梯度消失，本节在每一层卷积层的后面加上 BN 层和激活函数 ReLU6。为了满足检测任务要求的平移可变性，本节分别获取 MobileNet 中两层特征图和附加的标准卷积层中的四层特征图组成特征图金字塔，再用不同的 3×3 的卷积核进行卷积，卷积后的结果作为最终特征进行分类回归和边界框回归。

图 4.15 为 MS 网络特征金字塔，本节以 300×300 大小的图片作为输入，上述六层卷积特征图金字塔中每一个特征单元的默认框个数分别为 4、6、6、6、6、6。并且对于不同层、不同任务所用 3×3 大小、步长为 1 的卷积核参数都不相同。MS 的总体架构如表 4-2 所示。

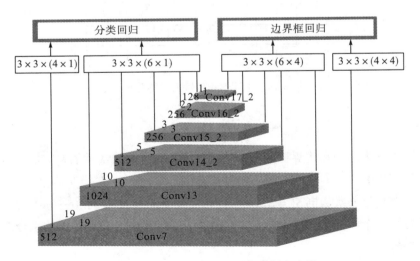

图 4.15　MobileNet-SSD 网络特征金字塔

表 4-2　MobileNet-SSD 总体构架

卷积方式	特征图选择	卷积核	步长	输入	输出
Conv0_BN_ReLU6	×	3×3	2	3	32
Conv1_Dw_Pw	×	3×3* 1×1	1 1	32	64
Conv2_Dw_Pw	×	3×3* 1×1	2 1	64	128
Conv3_Dw_Pw	×	3×3* 1×1	1 1	128	128
Conv4_Dw_Pw	×	3×3* 1×1	2 1	128	256
Conv5_Dw_Pw	×	3×3* 1×1	1 1	256	256
Conv6_Dw_Pw	×	3×3* 1×1	2 1	256	512
Conv7_Dw_Pw	√	3×3* 1×1	1 1	512	512
Conv8_Dw_Pw		3×3* 1×1	1 1	512	512
Conv9_Dw_Pw	×	3×3* 1×1	1 1	512	512
Conv10_Dw_Pw	×	3×3* 1×1	1 1	512	512
Conv11_Dw_Pw	×	3×3* 1×1	1 1	512	512
Conv12_Dw_Pw	×	3×3* 1×1	2 1	512	1024
Conv13_Dw_Pw	√	3×3* 1×1	1 1	1024	1024
Conv14_1_BN_ReLU6	×	1×1	1	1024	256
Conv14_2_BN_ReLU6	√	3×3	2	256	512
Conv15_1_BN_ReLU6	×	1×1	1	512	128
Conv15_2_BN_ReLU6	√	3×3	2	128	256
Conv16_1_BN_ReLU6	×	1×1	1	256	128
Conv16_2_BN_ReLU6	√	3×3	2	128	256
Conv17_1_BN_ReLU6	×	1×1	1	256	64
Conv17_2_BN_ReLU6	√	3×3	2	64	128

表 4-2 为 MobileNet-SSD 的总体架构，Conv_BN_ReLU6 表示标准卷积层，Conv1_Dw_Pw 表示深度可分离卷积层，"√"表示该卷积层输出的特征图将会用于分类回归和边界框回归中，"*"表示该卷积层输出的特征图只参与特征提取。"*"表示深度可分离卷职。由于人脸目标比较小，故本节选取了较浅层的 Conv7_Dw_Pw 输出的特征图。

4.5.3 KCF 算法原理

视频中动态的人脸具有非刚性的特点，在进行人体目标检测时会存在人体姿态、角度的变化和部分遮挡等，造成人体目标检测过程中漏检的现象。KCF 具有快速与稳定性好的优点，故本节提出人脸检测+跟踪算法：首先，利用 MS 人脸检测网络检测人脸，获取人脸的位置信息；其次，将检测模型转换到核相关滤波跟踪模型，进行快速稳定的跟踪；最后，为了避免跟踪模型出现背景污染等问题，跟踪数帧后重新启动人脸检测模型。因此，KCF 算法起到的作用是：①加强图像序列中人脸检测对姿态、角度等变化的鲁棒性；②在 DTD 模型中起到衔接和加速的作用，大大提高了整个系统的检测速度。算法如下。

设人脸样本集合为 (x_i, y_i)，x_i 表示人脸样本，y_i 表示回归的目标，回归的目的是找到一种映射关系，使得 $x_i \xrightarrow{f} y_i$，其线性回归函数为 $f(x_i) = \omega^{\mathrm{T}} x_i$。

$$w = \arg\min_{\omega} \left[\sum_i (f(x_i) - y_i)^2 + \lambda \|\omega\|^2 \right] \tag{4-40}$$

式 (4-40) 为脊回归损失函数，利用最小二乘法对其求解得

$$w = (X^{\mathrm{T}} X + \lambda I)^{-1} X^{\mathrm{T}} Y \tag{4-41}$$

式 (4-41) 中，$X = [x_1, x_2, \cdots, x_i]^{\mathrm{T}}$，$Y = [y_1, y_2, \cdots, y_i]^{\mathrm{T}}$。$X$ 中每一行表示一个特征向量。式 (4-42) 是式 (4-41) 的复数域形式：

$$w = (X^H X + \lambda I)^{-1} X^H Y \tag{4-42}$$

此时求解 w 的计算时间复杂度为 $O(n^3)$，式 (4-42) 中 $X^H = (X^*)^{\mathrm{T}}$，X^* 为 X 的复共轭转置，即 X^H 为 X 的厄米特转置。

在 KCF 算法中，训练样本和测试样本都是由基础样本 $x_i = [x_{i1}, x_{i2}, \cdots, x_{in}]$ 产生的循环矩阵 X_i 构成的，即

$$X_i = \begin{bmatrix} x_{i1} & x_{i2} & \cdots & x_{in} \\ x_{in} & x_{i1} & \cdots & x_{in-1} \\ \vdots & \vdots & & \vdots \\ x_{i2} & x_{i3} & \cdots & x_{i1} \end{bmatrix} \tag{4-43}$$

式中，X_i 可以通过离散傅里叶矩阵 F 得到。

$$F = \frac{1}{\sqrt{n}} \begin{bmatrix} 1 & 1 & \cdots & 1 & 1 \\ 1 & \omega & \cdots & \omega^{n-2} & \omega^{n-1} \\ 1 & \omega^2 & \cdots & \omega^{2(n-2)} & \omega^{2(n-1)} \\ \vdots & \vdots & & \vdots & \vdots \\ 1 & \omega^{n-1} & \cdots & \omega^{(n-1)(n-2)} & \omega^{(n-1)^2} \end{bmatrix} \tag{4-44}$$

$$X_i = F \operatorname{diag}(\hat{x}_i) F^H \tag{4-45}$$

$$X_i^H X_i = F \operatorname{diag}(\hat{x}_i^*) \operatorname{diag}(\hat{x}_i) F^H \tag{4-46}$$

$$X_i^H X_i = F \operatorname{diag}(\hat{x}_i^* \odot \hat{x}_i) F^H \tag{4-47}$$

式中，$\hat{x}_i$ 为基础样本 x_i 的离散傅里叶变换形式，式 (4-46) 中，$\hat{x}_i^*$ 为 $\hat{x}_i$ 的复共轭转置。

式(4-47)中 $\odot$ 是逐元素的乘法操作。先对式(4-42)两边同时进行离散傅里叶变换后,再依照式(4-45)～式(4-47),得出结果为

$$\hat{w} = \frac{\hat{x}_i \odot \hat{Y}}{\hat{x}_i^* \odot \hat{x}_i + \lambda} \tag{4-48}$$

式中,$\hat{Y}$ 为 Y 的离散傅里叶变换,对于 $\hat{w}$ 再进行傅里叶反变换即可得到 w。

此时,式(4-48)中 w 求解的计算时间复杂度是 $O(n)$,离散傅里叶变换的时间复杂度为 $O(n\log n)$,因此 KCF 算法能大大降低整个系统的时间复杂度。

KCF 算法宗旨在于通过傅里叶空间的循环矩阵来降低回归的计算时间复杂度,从而获得大量的速度提升。

4.5.4 实验结果及分析

1. 实验硬件平台、测试方式以及参数设定

本节实验所用硬件配置如表 4-3 所示。

表 4-3 实验硬件配置

平台配置	服务器
CPU	I7-7700K、I7-6700K、I5-7300hq
GPU	GTX1080 Ti、GTX 1080、GTX 1050
内存	16G
主硬盘	1T
操作系统	Ubuntu 16.04

本节研究快速稳定的目标检测网络,并且针对人脸检测的应用在两个方面验证本章建立的模型:①在静态图像方面验证 MS 人脸检测模型,实验所使用的人脸数据基准是 WIDER FACE 和 FDDB,这两个数据基准中的人脸都具有遮挡、不同姿势、不同光照、不同分辨率以及多角度等特点,并且数据量和标注的人脸信息多,具有较大的挑战性,深受研究人员的关注。本节首先利用 ImageNet-1000 数据集训练改进的 MobileNet 基础网络,使其滤波器的参数得到训练;其次,将训练好的 MobileNet 基础网络先去掉全连接层,并且将模型迁移到 MS 人脸检测网络中,然后用 Pascal VOC2012 目标检测数据集对整个网络再次训练,训练 5 万步,使滤波器的参数适合目标检测任务;最后固化基础网络,将元结构改为两分类任务,用部分 WIDER FACE 或者 FDDB 训练集微调元结构,训练 8 万步以后,用另一部分训练集训练整个 MS 人脸检测模型。对于参数的设定,本章 MS 模型选取五种高宽比的默认框,分别为 2.0、0.5、1.0、3.0、0.33,将式(4-5)的最大尺度默认框设置为 0.95,最小尺度设置为 0.2。每层特征图金字塔中特征单元对应的默认框数量分别为 4、6、6、6、6、6。网络训练时,IOU 在[0.5,1]区间的设定为正样本,在(0.2,0.5)区间的设定为难例,在[0,0.2]区间的设定为负样本。学习率设定为初始值为 0.1 的指数衰减型;②在视频/图像序列方面建立 MS-KCF 人脸检测-跟踪-检测模型,实验所使用的数据基准为 VOT2016 中大角度变化的 FaceOcc1 和遮挡严重的 Girl 图像序列,并且每隔 10 帧变换一次模型。

2. WIDER FACE 人脸数据基准静态图片检测结果

WIDER FACE 人脸数据基准是全世界最具权威的人脸检测评估平台之一，数据集有 32203 张照片，其中有 393703 张人脸。测试集为总数据集的 50%，人脸按照角度、遮挡等的严重程度分为 Easy、Medium 和 Hard 三个等级。检测结果如图 4.16 所示。

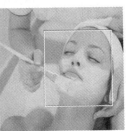

图 4.16   WIDER FACE 检测结果

图 4.17 为 WIDER FACE 人脸数据基准的 PR (precision-recall) 曲线。本节的 MS 算法与先进的 MTCNN 和 Faceness 算法在 WIDER FACE 数据集中进行对比。实验结果表明，MS 算法在 Easy、Medium 和 Hard 子数据集的召回率分别为 93.11%、92.18% 和 82.97%，其表现均优于 MTCNN 和 Faceness。由此可知，MS 算法对遮挡和角度变化较大的人脸在 WIDER FACE 数据集中具有较高的鲁棒性。

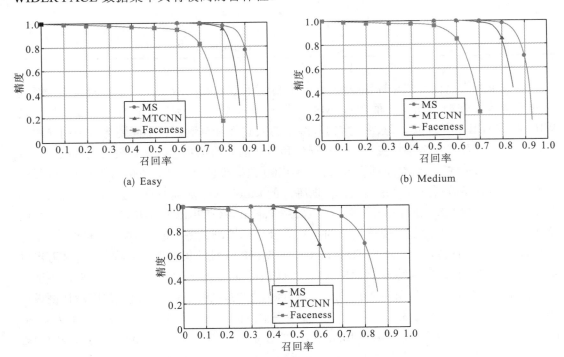

图 4.17   WIDER FACE 测试 PR 曲线

3. FDDB 人脸数据基准静态图片检测结果

FDDB 数据集是最具权威性的人脸检测评估基准之一，测试集具有 2845 张图片，包含 5171 张人脸。人脸具有不同分辨率和姿势、多种角度、不同遮挡程度以及不同光照程度等因素。检测效果如图 4.18 所示。

图 4.18　FDDB 检测结果

图 4.19 是 FDDB 数据集的 ROC 测试曲线，结果表明 MS 人脸检测模型对于 FDDB 测试集具有良好的检测性能，检测结果优于 Faceness、Joint Cascade 等先进的人脸检测算法。

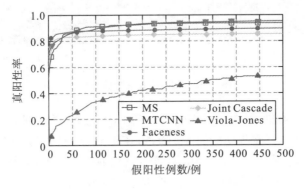

图 4.19　ROC 曲线性能对比

表 4-4 表明 MS 人脸检测模型具有较高的召回率。本节实验均在 GTX1080 GPU 上进行，测试图片的大小均缩放为 300×300。可知 MS 人脸检测模型检测精度高，平均速度为 84 帧/s，是 MTCNN 方法的 2.8 倍，是 Faceness 方法的 9.3 倍。

表 4-4　平均召回率和平均速度对比

方法	平均召回率/%	平均速度/(帧/s)
MS	93.60	84
MTCNN	95.04	30
Faceness	90.99	9

单一的人脸检测网络并不能有效地检测出视频/图像序列中角度随时变化和遮挡的人脸，因此本节建立了 MS-KCF 模型，以检测-跟踪-检测的模式解决这一问题，本节的 MS 人脸检测模型在 FDDB 和 WIDER FACE 两个世界上权威的人脸检测基准中都有较高的召回率和速度。

4. MS-KCF 模型在图像序列中人脸检测结果

本节利用 VOT2016 数据集中的两个图像序列：Girl 和 FaceOcc1 来测试 MS-KCF 模型的性能。Girl 是人脸角度变化较大的图像序列，FaceOcc1 是人脸严重遮挡的图像序列。

图 4.20 中 (a) 和 (b) 分别为 Girl 图像序列和 FaceOcc1 图像序列，前两排为 MS 模型的检测结果，后两排为 MS-KCF 模型的检测结果。显然，MS-KCF 模型对于图像序列中人脸的角度的变化、遮挡具有较好的检测性能。

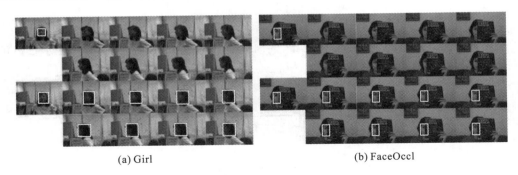

(a) Girl　　　　　　　　　　　　　　　　(b) FaceOcc1

图 4.20　MS-KCF 模型测试结果

由图 4.21 和图 4.22 可知，对于图像序列中的人脸检测任务，具有模型更新功能的 MS-KCF 性能优于只具有检测功能的 MTCNN、Faceness 等模型，其原因是 MS-KCF 是针对图像序列中的人脸检测提出的自动检测-跟踪-检测(DTD)模式，该模式以跟踪模式作为衔接，能够避免单独的检测模式带来的漏检现象。本节检测速度是在 GTX1080 GPU 上评估的，输入图片均缩放为 300×300，实验结果表明具有模型更新功能的 MS-KCF 方法是快速的，达到 193 帧/s，其检测速度比只具有检测功能的 MS 方法快 2.3 倍，比 MTCNN 快 6.4 倍，比 Faceness 快 21.4 倍。

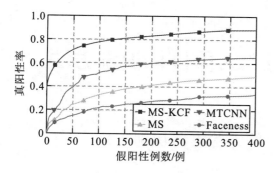

图 4.21 Girl 图像序列的 ROC 曲线对比

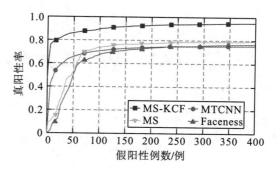

图 4.22 FaceOcc1 图像序列的 ROC 曲线对比

第五章 基于深度学习的人体目标识别方法

5.1 基于深度学习的人脸表情识别

5.1.1 一种基于深度学习的人脸表情识别算法

1. 人脸检测定位

人脸检测与定位是表情识别的第一步,能否准确定位出人脸区域是整个表情识别过程的必要前提。本节采用基于 Haar-like 特征(用于物体识别的一种数字图像特征)和 AdaBoost 算法的人脸检测方法,首先通过 Haar-like 特征对人脸特征进行描述,并且利用积分图实现对 Haar-like 特征的快速计算。然后从大量 Haar-like 特征中选出一些重要的特征,每一个 Haar-like 特征都可看作是一个弱分类器,把若干个弱分类器按照一定规则级联起来提升为一个强分类器,最后将几个强分类器串联成级联分类器,检测出人脸。图 5.1 是基于 AdaBoost 算法进行人脸检测的流程图。

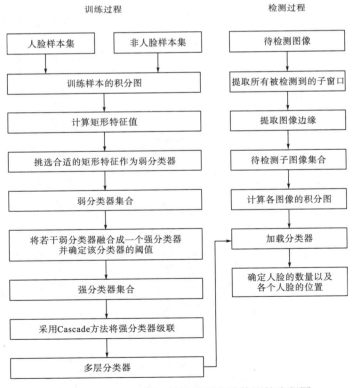

图 5.1 基于 AdaBoost 算法进行人脸检测的流程图

级联分类器的构成方式如图 5.2 所示，它是由多个强分类器组合而成的，在本质上可以被看作是一个决策树，每一层都是由 AdaBoost 算法训练而得到的强分类器，由第一层分类器输出的正确结果触发第二层分类器，由第二层分类器输出的正确结果触发第三层分类器，以此类推。相反，任何一个节点输出的被否定的结果都会立即停止对当前子窗口的检测。通过设置每层的阈值，可以使得大部分 (99.91% 以上) 的人脸区域都能通过检测，而绝大部分非人脸区域则不能通过检测。

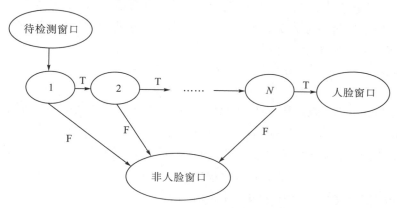

图 5.2　AdaBoost 级联分类器的构成

注：T 表示人脸；F 表示非人脸。

为了验证人脸定位检测算法的有效性，在 JAFFE (Japanese face database for face recognition test，日本人脸数据库) 和 CK (Cohn-Kanade) 人脸表情数据库上进行实验。JAFFE 数据库 (下载地址：http://www.sykv.cn/cat/down/facedetect/12275.html) 和 CK 数据库 (下载地址：http://download.csdn.net/download/zichen7055/10785055) 是目前两个常用的人脸表情公开数据库，JAFFE 表情数据库包含了 213 幅 (每幅图像的分辨率为 256×256) 日本女性的人脸图像，按照 7 个标准表情分类成不同数据库，并且不同数据库中的图像光照、人脸姿态都各不相同；CK 数据库包含有 210 个 18～50 岁的成年人的 2105 个正面图像，每种表情均由一系列的动态图像构成。在 JAFFE 和 CK 人脸表情数据库中，本节采用的人脸检测定位算法能够很准确地检测出人脸区域，人脸定位效果如图 5.3 所示。

(a) JAFFE 上的人脸检测效果图　　　　　　　(b) CK 上的人脸检测效果图

图 5.3　人脸检测效果图

由于各个数据库图像大小不同，人脸区域大小也不同，检测出的人脸还需要进行归一化，统一将检测裁剪出的人脸图像归一化到大小为 48×48 的灰度图像。此外，还需要对人脸图像在随机位置采样不同尺度的 patch (子图像块)，每张人脸表情图像采集的 patch 数量随机为 10～20。

2. 利用稀疏自编码器训练多尺度卷积核

卷积神经网络在计算机视觉方面的应用已经被证明是极为成功的,其卷积特征图的思想也被推广到 RBM(restricted Boltzmann machine, 受限玻尔兹曼机)模型和稀疏编码中。经过稀疏自编码器训练后的中间层神经元实际上只对局部特定信息有较强响应,将某一中间层神经元的连接权值作为卷积核与输入数据做卷积操作,这样就可以利用权值共享这一特性,得到该卷积核在图像其他局部的响应,组成一副特征图,然后对其进行 max-pooling 池化操作,使得特征图具有平移不变性。再对所有卷积核重复该操作,得到一组该图像的特征。该算法的具体步骤分为三步。

(1)用稀疏自编码器训练卷积核,其编码形式为

$$h^i(x) = s(\boldsymbol{W}^i x + \alpha^i) \tag{5-1}$$

式中, $s(\cdot)$ 为 Sigmoid 函数, $\boldsymbol{W}$ 为连接权值矩阵, i 为某一尺度的编号, α^i 表示在给定输入为 x 的情况下自编码神经网络隐藏神经元的激活度。

(2)用得到的中间层神经元的连接权值作为卷积核扫描整个图像,并做卷积操作,得

$$f^i(x) = \sigma\left[\text{conv}(\boldsymbol{W}^i, x) + \alpha^i\right] \tag{5-2}$$

式中, $\text{conv}(\cdot)$ 为卷积操作, $\sigma(\cdot)$ 表示扫描整个图像。

(3)对特征图进行 max-pooling 池化操作,先将特征图划为若干个区域 q_m(尽量等分),得

$$F_m^i(x) = \max_{k \in q_m}\left[f_k^i(x)\right] \tag{5-3}$$

最后,以两个尺度的卷积特征为例,最终特征为

$$F(x) = \left[F^1(x), F^2(x)\right] \tag{5-4}$$

式中, $F^i(x) = [F_1^i(x), F_2^i(x), \cdots, F_p^i(x)]$。

本算法首先利用 AdaBoost 分类器检测并归一化 JAFFE 人脸表情库和 CK 人脸库中的样本,然后在所得到的样本集中随机采集两个不同尺度的 6 万张 patch,作为输入训练一个稀疏自编码器(sparse autoencoder, SAE)网络,网络的大小为输入层:196 和 324,中间层:169 和 256,输出层和输入层相同,分别对应 14×14 和 18×18 两个尺度。越小、越基本的结构越普适,种类区别也越少,因此只需要较少的中间层神经元就能较好地表示信息,越大的 patch 会包含越复杂的信息,需要更多的结构来表示,得到的权值参数可视化图如图 5.4 所示,图中可以看到自编码模型所学习到的卷积核参数为局部的人脸图像。尺度小的卷积核所学到的参数展示的信息也越细,尺度大的卷积核所学到的参数展示的信息相对更完整。

训练得到卷积核后对图像进行卷积,得到对应的特征图,再对特征图进行 max-pooling 池化操作降维,这 3 个步骤过后所得到的向量就可以看作是初级特征,这一步所得到的特征类似于 Gabor(一种可以用来描述图像纹理信息的特征)、小波和 Haar-like 等初级特征。这种初级特征是对图像本质的描述,接下来通过构建深度的神经网络可以得到对特征更抽象的描述,抽象的特征在描述复杂图像时具有更强的鲁棒性。

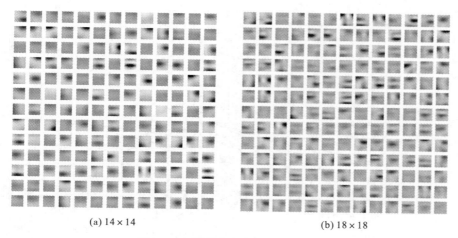

(a) 14×14　　　　　　　　　　　　　　　　(b) 18×18

图 5.4　人脸稀疏自编码参数可视化

3. 并行网络结构

具有深层结构的神经网络往往具有更强的表达能力，能够更好地表征待识别图像，不过深层结构带来的问题是难以训练，同时面临着需要大量有标签训练样本，以及梯度扩散等问题。目前采用的解决办法是使用大量无标签数据逐层训练，先训练第一层网络，再让训练样本经过第一层训练的结果，作为第二层的训练样本，以此类推，最后利用少量有标签的数据进行微调。本节提出一种特殊的网络结构，能有效解决人脸表情识别问题。首先利用无监督学习的方式和大量样本训练出两组不同尺度的卷积核，作为提取底层特征的滤波器，提取出的特征再经过 max-pooling 池化操作得到这幅图的底层特征，对单个类别(一共 7 类)的表情图像，先用无监督方法训练 3 层 SAE 网络，这样一共得到 7 个 3 层的 SAE 网络，最后一步将这 7 个子网络并联，输出按 one-hot 编码(one-hot encoding，独热编码即一位有效编码)，哪一个子网络的输出值最大，输入的表情图片就判别为那一类。其结构如图 5.5 所示。

该网络在并行网络之前提取低级特征的步骤是共享的，进入并联网络时低级特征会进入 7 个子网络进行计算，每个 4 层 SAE 子网络最后一层只有一个神经元作为输出，这一个神经元的连接权值可以通过如下方法训练得到：

$$J_{\text{loss}} = -\frac{1}{m}\left[\sum_{i=1}^{m}\sum_{j=1}^{k} l\{y^{(i)} = j\}\log\frac{\mathrm{e}^{W_j^{\mathrm{T}} x^{(i)}}}{\sum_{l=1}^{k}\mathrm{e}^{W_l^{\mathrm{T}} x^{(i)}}}\right] \tag{5-5}$$

式中，$l\{\}$ 表示 $\{\}$ 中条件满足时函数值取 1，不满足时为 0。m 为样本数量，k 为网络数量，这里 k 的取值为 7。由上式可以看出，损失函数实际上限制这组神经网络尽量使样本的类间距离最大，类内距离最小。

在训练网络时，每个网络单独训练，在表情识别任务中，训练的 7 个网络分别对应 7 类表情。例如，所有高兴表情的训练样本只用于预训练一个高兴网络。预训练的方法也采用之前提到的 SAE 算法，分别用 7 类表情样本预训练 7 个网络，逐层训练，构建三层网络，完毕后，再在后面叠加一层网络，最后用整体损失函数进行微调。

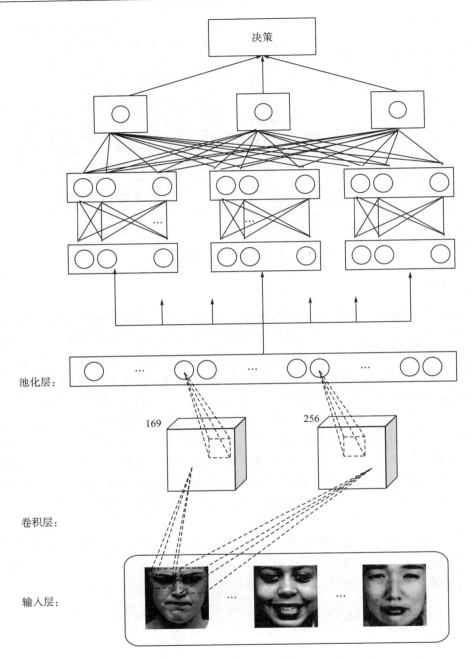

图 5.5　局部并行网络结构图

4. 使用优化算法

在神经网络的训练过程中，都是依靠梯度下降迭代算法寻优，由于本节算法数据量大、参数多，如果设定一个学习速率，按照学习速率来更新参数，学习速率过大时训练过程极易出现震荡，难以收敛，学习速率过小时训练过程往往很快收敛到一个局部最小区域，难以获得较好的结果。通常情况下有一些优化训练的方法，不同的优化算法有不同的优缺点，适合不同的场合。比如 L-bfgs (limited-memory bfgs，限制内存 bfgs) 算法在参数的维度比较低（一般指小于 10000 维）时的效果要比随机梯度下降（stochastic gradient descent，SGD）法和共轭梯度（conjugate gradient，CG）法效果好，特别是带有 convolution（卷积）的模型。而针对高维的参数问题，CG 的效果较另外 2 种方法的效果更好。在一般情况下，SGD 的效果要差一些，这种情况在使用 GPU 加速时情况一样，即在 GPU 上使用 L-bfgs 和 CG 时，优化速度明显加快，而 SGD 算法优化速度提高的程度较微弱。在单核处理器上，L-bfgs 算法的优势主要是利用参数之间的 2 阶近似特性来加速优化，而 CG 则得益于参数之间的共轭信息，需要计算其 Hessian 矩阵（Liu and Nocedal，1989）。这里采用 L-bfgs 算法优化迭代过程，L-bfgs 算法是一种非常有效的迭代优化算法，只需要计算梯度导数以及损失函数值，便可以计算出一个最优步长，按照最优步长更新参数，省去了对学习速率的手动参数调优过程，能够提高训练的收敛速度（Nocedal，1980）。

5. 实验与结果

本节方法实现的具体步骤如下：首先提取卷积核，训练样本为 CK 数据库和 JAFFE 数据库中的人脸图像，全部为未标记类别的数据。然后将这些人脸图像归一化到大小为 48×48 的灰度图像。再在每一张人脸上随机选取 25～35 个大小为 14×14 的图像块、25～35 个大小为 18×18 的图像块，两个尺度的图像块各 60000 张，分别用来训练两个稀疏自编码器，提取 169 个大小为 14×14 和 256 个大小为 18×18 的卷积核。再在每个卷积核的特征图上得到 4×4 个 max-pooling 池化操作后的特征，因此一共会得到 16×(169+256)=6800 个特征。再将这些特征作为训练样本，对本节中提出的并行网络进行训练。训练时，每一个网络分为四层，第一层 6800 个神经元，第二层 600 个神经元，第三层 60 个神经元，第四层 1 个神经元，除最后一层的参数外，都利用稀疏自编码逐层预训练。对 7 类样本对应的网络使用相同的方法构建 7 组并行的网络，最后使用优化算法、整体损失函数和 BP 算法进行微调。

实验的测试集：采用 JAFFE 数据库与 CK 数据库中的人脸表情图像，经过 5.1.1 中人脸检测定位方法裁剪人脸。本节方法与其他各种方法在 JAFFE 数据库和 CK 数据库上的识别率对比结果分别如表 5-1 和表 5-2 所示。

表 5-1 中 LBP+SVM 方法出自文献（夏海英 等，2014），Gabor+SVM 方法出自文献（夏海英 等，2014），EHMM 方法出自文献（Zhan et al.，2010），RB+KSVD+SRC 方法出自文献（Chen et al.，2012）。表 5-2 中光流法+SVM 方法出自文献（Zhang et al.，2014），ASM+LSVM 方法出自文献（徐文晖和孙正兴，2009），Gabor+SVM 方法出自文献（夏海英 等，2014），Zernike 矩+FBMM 方法出自文献（Kotsia et al.，2009）。

表 5-1　各方法在 JAFFE 数据库上的识别率 (%)

所用方法	识别率
LBP+SVM	82.8
Gabor+SVM	84.3
EHMM	91.8
RB+KSVD+SRC	86.6
本节方法	95.7

表 5-2　各方法在 CK 数据库上的识别率(%)

所用方法	识别率
光流法+SVM	75.2
ASM+LSVM	89.11
Gabor+SVM	78.8
Zernike 矩+FBMM	86
本节方法	87

通过实验结果可以看出，本节所提出的网络结构可以在 JAFFE 数据库上取得较好的效果，主要原因是该数据库中的图像比较简单，人脸表情比较浮夸，人脸不同种类表情之间的差异比较明显。同时相较于其他方法，本节提出的网络结构适合移植，因为本节提出的方法只需要提供数据与数据标签，按照步骤训练网络即可，而传统方法由于数据分布不一样，通常需要十分耗时的人工设计特征。

虽然本节提出的方法在 CK 数据库上的表现不如 ASM+LSVM 方法，但是在 CK 数据库上所用的方法都是基于充分利用时序信息的视频序列，而本节所提出的方法是基于静态图像的识别，并未使用时序信息。本节所提出的方法在 JAFFE 数据库上的测试结果显示出优异的效果，由此可见，深度学习在算法鲁棒性上高于传统方法。

实验结果显示，本节提出的构建深度神经网络的方法能够识别训练集中没有身份的表情信息，是由于深度神经网络的深度抽象特征表示方法对来自身份的大的噪声信息有一定的过滤效果。深度学习是目前机器学习的热点，因为其对特征的独有表达形式，解决了许多传统方法难以解决的问题，但是深度学习也面临着很多难点，致使其难以普及。例如面临复杂问题时，需要模型有较强的表达能力，这也意味着参数数量的增加，而参数的增加致使训练到收敛的时间呈指数上升，深度神经网络的层数、中间层神经元数量的设置也有赖于经验和实验，鲜有相关规律或结论的研究成果，这也是需要努力研究改进的地方。另外，深度学习对于时序信息处理的研究目前还处于起步阶段，在卷积神经网络(CNN)取得令人瞩目的成就之后，深度学习才逐步获得重视。例如，RNN(循环神经网络)、LSTM(长短期记忆网络)等网络架构重新成为热门研究领域，这方面的研究目前还仅限于语音、文本或文本与图像结合的领域，如从图像内容理解到文本翻译都是目前的热门研究方向。

5.1.2　人脸身份保持表情不变性特征研究

随着人脸识别技术的进步，许多利用人脸识别生物信息特征识别技术的产品逐渐普及，如人脸打卡、人脸支付、人脸解锁和人脸搜索等。但是众多的人脸识别产品对输入图片的要求很高，因为人脸会受到光照、角度和表情的影响，Zhu 等(2013)利用深度卷积神经网络获取一种角度不变性特征，当输入的同一个人的人脸图像分别为左右侧脸 15°、30°和 45°时，网络提取出的特征的变化都非常小，也就是说，通过网络提取出的特征丢失了角度信息，却保留下了身份信息(Kyperountas et al.，2010；Cotter，2011)，这样有利于各种姿态下的人脸识别，进行人脸打卡时，人脸不必再完全对准摄像头，这样大大提升了用户的产品使用体验。受此启发，本节主要研究利用深度卷积网络提取身份保持的表情不变特征。

深度模型可以通过无监督学习的方式堆积许多隐藏层，再经过微调的方式构建，如 DBN(deep belief net，深度置信网络)通过层叠 RBM 来实现。Huang 等(2012)提出了卷积受限玻尔兹曼机(CRBM)，该算法利用 RBM 提取卷积核作为卷积滤波器，这种通过学习得到的卷积核可以保持局部数据结构信息。Sun 等(2014a，2014b)提出了一种混合卷积-受限玻尔兹曼机神经网络(CNN-RBM)模型来学习比较人脸相似性的特征，这种方法结合了深度学习的无监督和有监督方法。本节所提出的方法完全基于监督学习，该方法的网络结构类似 CRBM，网络计算得到的特征除了用于表情分类，还可以用作重新构建无表情时的图像。

1. 网络结构

为了设计一种能够很好地提取出对表情不敏感的识别身份特征的网络结构，我们在网络中加入一个专门用于重构无表情时的损失函数，并且保留身份识别的损失函数，通过一个比例常数调整网络的权重，直观上看，网络是期望学到的特征能够重构输入的特征，这本质上是加强了对表情信息的过滤，增强了身份信息的区分度。

本节提出的深度模型的结构如图 5.6 所示，网络的结构 C1 为卷积层，P1 为 pooling 层，C2 为卷积层，P2 为 pooling 层，IP3 为全连接层，S 层为 Softmax 分类器层。与 CNN 的基本结构类似，在第一层，输入图像大小为 48×48，输入图像 x_0 通过一组 2D 卷积核 $W_1 = [W_1^1, W_1^2, W_1^3, \cdots, W_1^{32}]$ 得到 32 张特征图。其中，每一个子矩阵都代表了一个滤波器，滤波器的尺寸为 5×5。当输入图像时，在图像的边缘填充 2 个为 0 的像素，C1 卷积层每个滤波器都会通过卷积操作得到一张特征图，特征图的大小和原图像相等。第一层的特征

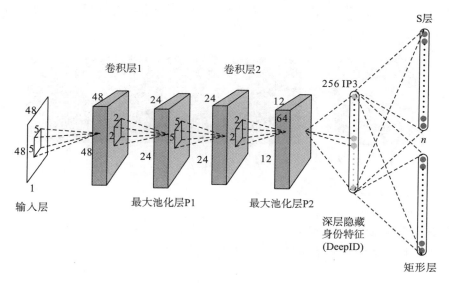

图 5.6　网络结构图

图就是卷积神经网络中的低级特征，它反映了图像的基本边缘信息，P1 层为最大池化层，作 2×2 的最大池化操作下采样，这样特征图的大小缩小为原来的 1/4，变为 24×24，但数量不变，依然为 32 张特征图。此次最大池化操作的作用一是降低特征维度，二是使特征具备一定的平移不变性，提高特征鲁棒性。接下来的网络是 C2 卷积层和 P2 最大池化层，共有 64 个卷积核，作用都和 C1 与 P1 层类似，不过特征更为抽象，IP3 是全连接层，共有 256 个神经元，由于卷积其实是线性操作，获得的特征也是线性特征，卷积网络依靠大量卷积核来实现特征的非线性，不过这对于抽象的分类识别还不够，在最后一层加入全连接层使得模型更容易拟合数据。最后一层是 Softmax 层，这一层是分类器，在无监督构建的深度网络中，Softmax 可以很方便地加入神经网络的训练中，同时对于实现代码来说也很简洁方便。与常规网络不同，本节提出的网络结构中除了 Softmax 之外还有另外一个损失函数，这个损失函数迫使 IP3 层的特征重构其对应的无表情时的人脸。

除了网络结构外，还有一些因素能够影响网络性能，一是神经元激活函数，卷积网络中通常不能使用传统的 Sigmoid 等激活函数，而是使用 ReLU（rectified liner units）激活函数。在著名的 AlexNet（2012 年由 Alex 等提出的 AlexNet 网络）中，使用 ReLU 作为激活函数相较于 Sigmoid 能够提升 6 倍的训练速度，而且得到的特征很稀疏。第二个因素是使用 DropOut，DropOut 是 Hinton 教授 2012 年提出的一种训练神经网络全连接层时防止过拟合的方法，该方法只需要在训练时使得神经元以一定的概率不"被训练"，即不在某次迭代过程中更新其参数。网络在前向激活时神经元的激活值再乘以之前规定的概率。ReLU 和 DropOut 已经成为卷积神经网络中比较通用的方法。

为了便于观察，将一张输入图像前向激活一次，生成的特征图可视化后可以得到类似于人脸边缘的图像，如图 5.7 为以 JAFFE 库中的人脸图像作为输入图像得到的前 12 个特征图。由图 5.7 可以看出，卷积特征图提取了图像的边缘信息，所有的边缘模式不尽相同，但是都能显现出一定的图像模式，对于人脸识别或表情识别，这种模式携带有强力区分性信息的特征。接下来描述具体方法以及一些实验操作。

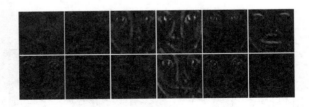

图 5.7　人脸卷积特征图

2. 网络训练

训练深层网络需要更新非常多的参数，非常容易陷入局部最小的情况，这是十分具有挑战性的。因此，本节首先初始化权重，然后更新参数。

1）参数初始化

我们可以使用无监督的方式初始化权重矩阵，但是通过实践发现，在卷积神经网络与 ReLU 神经元共同使用的情况下，使用无监督方式初始化权重矩阵并不会得到太大的提升效果，且无监督初始化权值矩阵的优点主要是利用大量的无标签数据初始化网络的参数得到一个比较合理的值，但是这里都是标签数据，所以无须使用无监督方式初始化权重矩阵，这里所有的参数都使用随机的方式初始化，随机函数为均值为0、方差为0.01的高斯分布函数。

2）参数更新

深度神经网络结构的损失函数可以描述为

$$J(x^m, \boldsymbol{W}) = \lambda \cdot R_1 + (1-\lambda) \cdot R_2 \tag{5-6}$$

其中：

$$R_1 = \frac{1}{m \cdot 2304/k} \sum_{i=1}^{m} \|x^i - Y\|_F^2 \tag{5-7}$$

$$R_2 = -\frac{1}{m} \sum_{i=1}^{m} \sum_{j=1}^{k} (y^i = j) \log \frac{e^{W_j^T x^i}}{\sum_{l=1}^{k} e^{W_l^T x^i}} \tag{5-8}$$

式中，$\boldsymbol{W}$ 代表权值矩阵，m 为样本个数，x 为样本，i 为样本序号，k 为类别数量，j 为类别序号，Y 为输入图像重构信号，也就是重构图像像素值的归一化向量。λ 为损失函数的权值比例系数，调整其权重代表了更考虑哪一类限制。系数项中2304是样本长度，k 主要是为了平衡前后两项的单位度量系数。在公式(5-7)中，R_1 的累加项定义了重构误差损失，在损失函数中，强制学习到的特征能够重构出原始信号，使得学习到的特征具有鲁棒性，防止过拟合。在式(5-8)中，R_2 为分类损失函数，是为了让网络学习到利于分类的判别信息。

与传统 BP 算法更新连接权值时仅仅向计算出的梯度方向移动一定的步长所不同的是，本节采用一种新颖的梯度下降算法(Zhan et al., 2010)，计算新的连接权值时需要加入动量项，增加动量项能够提高收敛速度，避免震荡和陷入局部最小。动量项的计算方法为

$$\Delta_{k+1} = 0.9 \cdot \Delta_k - 0.004 \cdot r \cdot W_k^i - r \cdot \frac{\partial J}{\partial W_k^i} \tag{5-9}$$

$$W_{k+1}^i = \Delta_{k+1} + W_k^i \tag{5-10}$$

式中，r 为学习速率，一般设置为一个较小的值，如0.01，也可以根据迭代次数和损失函数状态动态改变学习速率。

3. 实验结果与分析

在 CK 和 JAFFE 数据库上进行实验，实验结果如表5-3所示。表5-3中 K-SVD 方法出自文献(Cotter, 2010)，HMM 方法出自文献(周书仁 等，2008)，SVM+KL 方法出自文献(应自炉 等，2008)，LBP+SVM 方法出自文献(蒋斌 等，2011)。

由表5-3可知，本节所提出方法的识别率相较于一些传统方法有较大提升，主要原因是传统方法提取的特征，如 LBP、SIFT、HOG 等低级特征对图像的描述受到光照、角度和表情等因素影响较大，环境改变后很难准确描述对象，因此特征不好，再聪明的分类器也无法准确对样本分类。而机器学习统计出的高级抽象特征是通过层级建立的，其非线性

的映射能力要远远好于传统人工指定特征，所以鲁棒性增强也在情理之中。图5.8展示了两张人脸利用本节方法提取出的IP3层特征，这些特征很好地描述了图像的身份信息并过滤掉了表情信息。

表5-3　各方法的人脸识别率比较(%)

所用方法	识别率
K-SVD	83.2
HMM	90.2
SVM+KL	74.8
LBP+SVM	84.6
本节方法	94.8

如图5.8所示是两个人平静、高兴和平静、悲伤状态下特征的对比图。通过以下对比图，可以很容易地发现，不同的人相同表情的特征是极不相似的，相同的人不同表情的特征却是非常相似的。

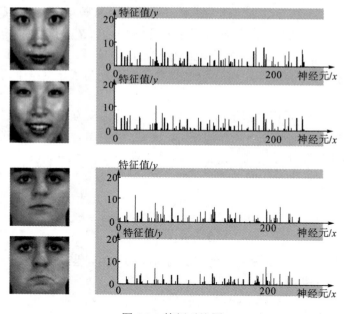

图5.8　特征对比图

在处理有表情变化的人脸识别过程中，算法可以首先克服表情带来的这种差异。而我们认为同一个体的不同表情下的人脸图像应该隐含了共同信息，如一个没有表情的人脸和一个相对皱眉的人脸之间应该存在着一个映射，而这种映射应该是非线性的。因此，在这一节中我们探索了从有表情的人脸图像到没有表情的人脸图像的映射。首先我们想到了简单的线性的解法，也就是存在某一变化矩阵 A，使得表情图像 X 可以变换到其无表情空间下的表示 Y，可以记为：$Y=AX$，通过最小二乘求解 A。很显然这种做法只有一次被验证是不可行的，这种表情上的转变绝对不是一个简单的线性变换。很自然我们想到了用非线性的特征提取方法来获得这种映射，因此可用到在特征非线性表示上具有良好性能的深度神经网络，从另一个角度来说，深度学习要学习的就是对象在另一个空间的一种表示，那么对于具有各种表情的人脸来说，一个皱眉的人脸图像应该是这个个体无表情时图像的另一种表现形式。受到标签约束的有监督学习就是形成这种映射的途径，之所以 IP3 层能够学习到身份保持的不变性特征，除了依赖损失函数中对人脸身份分类的限制，还依赖损失函数中对输入样本相对应的无表情图像的重建限制。不过两个损失函数中需要设置一个权重，这个权重的意义是更看重哪一个限制，通常来说，即使是相同的任务，但是对于不同的样本集也需要通过试验获得最佳权重比。如若设置重构损失函数权重为 1，则网络训练只考虑身份分类信息，如若设置分类损失函数权重为 0，则网络训练主要考虑重构信息，其中隐含了一部分身份信息。这样一来，若单独提取 IP3 层的特征，再利用 SVM 或者 Softmax 分类器也可以用于分类。分类权重加重构权重之和恒定为 1，表 5-4 显示了重构权重与测试集和训练集识别正确率之间的关系。

表 5-4　权重对算法精度的影响(%)

重构权重	测试集正确率	训练集正确率
0.1	91.0	99.6
0.2	93.6	98.4
0.3	94.8	97.2
0.4	91.2	94.9
0.5	87.8	92.1

通过实验可以得到当重构权重为 0.3 时在测试集识别率最高，重构权重在 0.1 时训练集识别率最高。合适的重构权重会增加算法的鲁棒性，但是过低的重构权重会让算法失去对特征重构的限制，过高的重构权重会弱化分类信息。

通过对各种算法在 JAFFE 和 CK 数据库上对表情图像的身份识别的识别率比较，可以看出本节所提出的方法在对有表情变化的人脸识别上相较于传统方法有较强的鲁棒性，通过比较最后一层的特征，也看出了深度学习的精髓在于抽象特征提取，提取身份不变性特征有利于识别任务，这不仅解释了深度学习学习到的特征具有很强的不变性，也为人脸识别提供了一个新的研究方向，因为人脸识别的难点在于实际环境中受光照、表情、姿态等的影响很大，某些特征在特定的数据库上表现较好，但是当进入真实环境就显得力不从心，而深度学习恰好可以通过卷积神经网络过滤各种不必要的信息，对光照、表情、姿态都有较好的鲁棒性，并且随着大数据时代的到来，计算机运算能力的加强，各种场景中有标签数据能够被更廉价地获取，有利于训练更大规模、更深层次的网络，相应的也能得到更具鲁棒性的网络。

5.2　基于多尺度核特征卷积神经网络的实时人脸表情识别

利用深度神经网络来进行人脸表情识别能够减少人为干扰因素，提高稳定性，但要拥有较高的识别率，网络模型一般都比较大，网络中参数量太大导致识别速度很慢，难以达到实时性要求。针对这个问题，本节以 SSD 网络(Liu et al.，2016)为基础，提出以改进的 MobileNet-SSD(MSSD)轻量化人脸检测网络来进行人脸的检测，结合核相关滤波算法(KCF)进行人脸的跟踪，可大大加快人脸的检测速度并且提高多角度和遮挡的人脸检测的稳定性；然后利用迁移学习方法，将 FER-2013 人脸表情数据库和小样本 CK+数据库进行联合训练，并且使用多尺度核特征 CNN 来进行人脸表情特征提取与识别，进一步提高识别率；最后将以上两个模型相融合，达到快速精确的实时人脸表情识别。

5.2.1　实时人脸表情识别系统概述

一个完整的实时人脸表情识别系统包括：人脸检测与定位、表情特征提取和表情分类。针对实际应用中需要兼顾识别速度与精度的问题，先融合 MobileNet-SSD(MSSD)人脸检测网络和 KCF 快速跟踪模型，来进行人脸目标的快速稳定检测。然后通过在标准数据库上已经训练好的多尺度核特征卷积神经网络进行表情识别。最后，将以上两个网络进行融合与优化，整个过程形成了检测-跟踪-识别模式，构成了一个完整的实时人脸表情识别系统。图 5.9 是实时人脸表情识别系统总体流程。

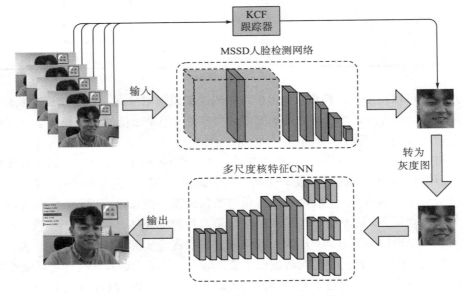

图 5.9　实时人脸表情识别系统总体流程

5.2.2　快速稳定的人脸检测

1. MSSD 人脸检测网络

目标检测网络一般由基础网络进行特征提取，元结构进行分类回归和边界框回归。本节所提出的方法以 SSD 目标检测网络为基础,将其中的基础网络 VGG-16(Simonyan and Zisserman，2015)改为轻量化网络 MobileNet(Howard et al.，2017)，并将其中的第 7 个深度可分离卷积层与最后 5 层的特征图进行融合，改进为 MobileNet-SSD（MSSD）网络，网络模型如图 5.10 所示。MobileNet 中最大的亮点就是深度可分离卷积，它由深度卷积和点卷积组成，其极大地加快了训练与识别的速度，因此本节所提出的方法也采用深度可分离卷积来构建网络。在 MSSD 网络中，输入端通过一个卷积核大小为 3×3、步长为 2 的标准卷积层，再经过 13 个深度可分离卷积层，后面输出端连接了 4 个卷积核分别为 1×1、3×3 交替组合的标准卷积层，考虑到池化层会损失一部分有效特征，因此在网络的标准卷积层中使用了步长为 2 的卷积核替代池化层。最后将第 6 个深度可分离卷积层、最后 4 个标准卷积层和 1 个全局平均池化层的输出连接到一起构成元结构进行回归。

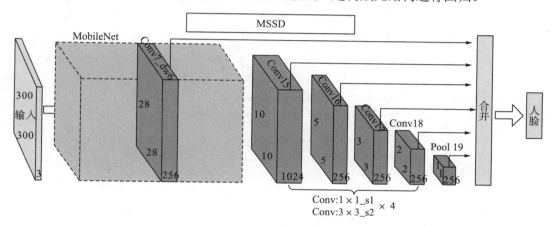

图 5.10　MSSD 网络模型

2. 结合跟踪模型的人脸检测

为了进一步加快检测速度，将人脸检测网络和跟踪模型相结合，形成检测-跟踪-检测的模式。这样的结合方式不仅有效地加快了人脸检测的速度，还可处理多角度、有遮挡的人脸检测问题。跟踪模型采用基于统计学习的跟踪算法 KCF，该算法主要使用了轮转矩阵对样本进行采集，然后使用快速傅里叶变换对其进行加速运算，这使得该算法的跟踪效果和速度都大大提升。本节所提出的方法先利用 MSSD 模型对人脸进行检测，并进行 KCF 跟踪模型更新；然后，将检测到的人脸坐标信息输入跟踪模型 KCF 中，以此作为人脸基础样本框并采用检测 1 帧跟踪 10 帧的策略来进行跟踪；最后，为了防止跟踪丢失，再次进行 MSSD 模型更新，重新对人脸进行检测。图 5.11 为结合跟踪的人脸检测流程图。

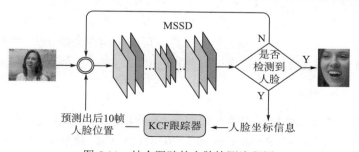

图 5.11　结合跟踪的人脸检测流程图

5.2.3 多尺度核特征人脸表情识别网络

1. 深度可分离卷积

Howard 等(2017)提出 MobileNet,将标准卷积进行了分解,分为深度卷积和点卷积两个部分,共同构成深度可分离卷积,图 5.12 是标准卷积核与深度可分离卷积核的对比。

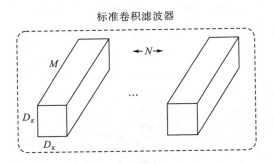

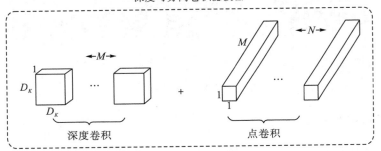

图 5.12　两种卷积核对比

假设输入特征图尺寸为 $D_F \times D_F$,通道数为 M,卷积核大小为 $D_K \times D_K$,卷积核个数为 N。

对于同样的输入和输出,标准卷积过程计算量为:$D_K \times D_K \times M \times N \times D_F \times D_F$,深度可分离卷积过程计算量为:$D_K \times D_K \times 1 \times M \times D_F \times D_F + 1 \times 1 \times M \times N \times D_F \times D_F$。

通过以上可知深度可分离卷积方式与标准卷积方式的计算量比例为

$$\frac{D_K \times D_K \times 1 \times M \times D_F \times D_F + 1 \times 1 \times M \times N \times D_F \times D_F}{D_K \times D_K \times M \times N \times D_F \times D_F} = \frac{1}{N} + \frac{1}{D_K^2} \tag{5-11}$$

对于卷积核大小为 3×3 的卷积过程,计算量可减少为原来的 1/9。可见这样的结构极大地减少了计算量,有效加快了训练与识别的速度。

2. 多尺度核卷积单元

本节方法设计的多尺度核卷积单元如图 5.13 所示,主要以深度可分离卷积为基础,分支中采用了 MobileNetV2(Sandler et al.,2018)的线性瓶颈层结构。深度卷积(图中为 Dw_Conv)作为特征提取部分,点卷积(图中为 Conv 1×1)作为瓶颈层进行通道数的缩放,并且输出端的点卷积采用的是线性结构，因为该处点卷积是用于通道数的压缩，若再进行非线性操作，则会损失大量有用特征。图 5.13 的多尺度核卷积单元结构图包含了三条分支，每个分支均采用步长为 2 的改进的线性瓶颈层结构。通过三个不同深度卷积核大小的分支并联形成多尺度核卷积单元，融合了不同卷积核大小提取的多样性特征，进而可有效提高人脸表情的识别率。

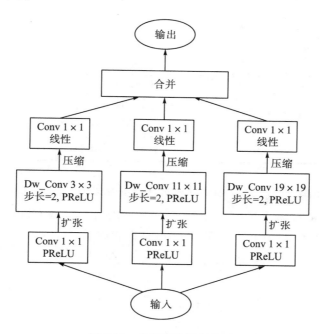

图 5.13　多尺度核卷积单元

　　为了说明多尺度核特征的有效性以及卷积核大小的选取，本节用图 5.6 所示网络结构进行了 10 组对比实验。表 5-5 是在 FER-2013 上的多尺度核特征有效性评估结果。实验 1 是将多尺度核卷积单元改为核大小为 3×3 的标准卷积进行的实验，实验 2～6 是将多尺度核卷积单元的三条支路均使用同一大小的卷积核进行的实验，实验 7～10 是改变多尺度核卷积单元三条支路的卷积核大小进行的实验。实验 1～6 的结果表明网络使用适当卷积核大小的单一尺度核卷积单元比不使用的识别率更高；实验 2～6 的结果表明具有单一尺度核卷积单元的网络使用 3×3 卷积核的效果最好；实验 2～10 的结果表明除了实验 9 的情况外，多尺度核卷积单元比单一尺度核卷积单元更有效，同时实验 9 的情况说明了多尺度核卷积单元的三个卷积核不能都取比较大的尺寸。

　　通过以上分析，本节的多尺度核卷积单元选取了 3×3、11×11、19×19 三种尺度，使用多尺度核卷积比标准卷积的识别率提升了 3.2%。

表 5-5　FER-2013 上的多尺度核特征有效性评估

实验序号	类型	卷积核大小	识别率/ %
1	标准卷积	3×3	69.8
2	单一尺度核卷积单元	3×3	70.9
3		7×7	70.7
4		11×11	70.7
5		15×15	69.5
6		19×19	69.4
7	多尺度核卷积单元	3×3、7×7、11×11	71.8
8		7×7、11×11、15×15	72.4
9		11×11、15×15、19×19	70.5
10		3×3、11×11、19×19	73.0

在多尺度核卷积单元中，除了用于压缩的点卷积不使用非线性激活函数，其他卷积层均使用 PReLU（Liu et al.，2016）激活函数。式（5-12）、式（5-13）分别是激活函数 ReLU（Simonyan and Zisserman，2015）和 PReLU 的表达式，i 表示不同通道：

$$\text{ReLU}(x_i)=\begin{cases} x_i, & x_i>0 \\ 0, & x_i\leq0 \end{cases} \tag{5-12}$$

$$\text{PReLU}(x_i)=\begin{cases} x_i, & x_i>0 \\ a_ix_i, & x_i\leq0 \end{cases} \tag{5-13}$$

ReLU 激活函数是将所有负值都设为 0，其余保持不变。当训练过程中有较大梯度经过 ReLU 时，会引起输入数据产生巨大变化，会出现大多数输入是负数的情况，这种情况会导致神经元永久性失活，梯度永远为 0，无法继续进行网络权重的更新。然而在 PReLU 中修正了数据的分布，使得一部分负值也能够得以保留，很好地解决了 ReLU 中存在的问题，并且式（5-13）中的参数 a_i 是可以进行训练得到的，能够根据数据的变化而变化，灵活性与适应性更强。

本节比较了不同激活函数对多尺度核特征人脸表情识别效果的影响，表 5-6 是不同激活函数在 FER-2013 数据库上的识别率，可知使用 PReLU 比 ReLU 的识别率高 1.8 个百分点，因此本节所提出的方法选择 PReLU 作为激活函数。

表 5-6 中 ReLU 方法出自文献（Jarrett et al.，2009），LeakyReLU 方法出自文献（Liew et al.，2016），ReLU6 方法出自文献（Sandler et al.，2018），ELU 方法出自文献（Clevert et al.，2016），PReLU 方法出自文献（He et al.，2015a）。

表 5-6　不同激活函数在 FER-2013 上的识别率（%）

类型	方法	识别率
激活函数	ReLU	71.2
	LeakyReLU	71.4

类型	方法	识别率
	ReLU6	71.8
	ELU	72.5
	PReLU	73.0

3. 多尺度核特征网络结构

用于人脸表情识别的多尺度核特征网络结构如表 5-7 所示。表中 multi_conv2d、bottleneck_p 分别表示多尺度核卷积单元和改进的线性瓶颈层。网络的输入首先经过一个多尺度核卷积单元，采用 6 倍的扩张系数，每个分支的深度卷积输出通道数设置为 16，步长为 2，再将三分支特征进行融合，输出通道数变为 48；然后经过 12 个线性瓶颈层，每层的深度卷积核大小均使用 3×3，并且在训练期间进行数据的批量归一化；最后会通过卷积核大小为 1×1、步长为 1 的两个标准卷积层和一个核大小为 3×3 的平均池化层。

表 5-7　多尺度核特征网络结构

输入	操作	扩张系数	输出通道数/个	重复次数/次	步长
48×48×1	multi_conv2d	6	48	1	2
24×24×48	bottleneck_p	1	32	1	1
24×24×32	bottleneck_p	6	64	3	2
12×12×64	bottleneck_p	6	96	4	2
6×6×96	bottleneck_p	6	160	3	2
3×3×160	bottleneck_p	6	320	1	1
3×3×320	conv2d 1×1	—	1280	1	1
3×3×1280	avg_pool 3×3	—	1280	1	—
1×1×1280	conv2d 1×1	—	7	1	1
1×1×7	Reshape	—	7	1	—

5.2.4　实验结果及分析

实验配置如下：CPU 为 Inter(R) Core(TM) i7-7700K，主频为 4.20GHz，内存为 16G；GPU 为 GeForce GTX 1080Ti，显存为 11G。

1. 数据库介绍

实验中用到了三种数据库：WIDER FACE(Yang et al., 2016)、CK+(Lucey et al., 2010)、FER-2013(Goodfellow et al., 2013)。WIDER FACE 数据库是人脸检测基准数据库，共包含 32203 张图像，并对 393703 个面部进行了标记，包含不同的尺寸、姿势、遮挡、表情、光照以及化妆的人脸。所有的图像被分为 61 类，每类随机选择 40%作为训练集、10%作为验证集、50%作为测试集，即训练集 12881 张、验证集 3220 张、测试集 16102 张。

CK+人脸表情数据库包括 123 个人，593 个图像序列，每个图像序列的最后一张都有动作单元标签，而其中 327 个图像序列有表情标签，被标注为七类表情标签：愤怒、鄙视、厌恶、恐惧、高兴、悲伤和惊讶。但是在其他的表情数据库中没有鄙视这类表情，为了和其他数据库能够相互兼容，因此去掉了鄙视这类表情。

FER-2013 是 Kaggle 人脸表情识别挑战赛提供的一个人脸表情数据库。该数据库总共包含 35887 张表情图像，分为 7 类基本表情：愤怒、厌恶、恐惧、高兴、悲伤、惊讶和中性。FER-2013 已被挑战赛举办方分为了三部分：训练集 28709 张、公共测试集 3589 张和私有测试集 3589 张。本节在训练时将公共测试集作为验证集，私有测试集作为最终指标判断的测试集，该数据库中的图像大都在平面和非平面上有旋转，并且很多图像都有手、头发和围巾等的遮挡，非常具有挑战性，十分符合真实环境中的条件。

2. 数据增强

为了增加人脸表情识别模型对噪声和角度变换等干扰的稳定性，本节对实验数据库进行了数据增强，对每张图像都使用了不同的线性变换方式进行增强，如图 5.14 所示。进行数据增强的变换有随机水平翻转、比例为 0.1 的水平和竖直方向偏移、比例为 0.1 的随机缩放、在(-10,10)进行随机转动角度、归一化为零均值和单位方差向量，并对变换过程中出现的空白区域按照最近像素点进行填充。

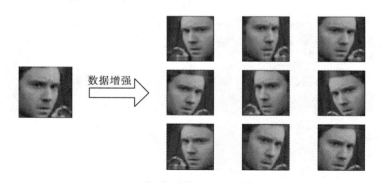

图 5.14　数据增强效果图

3. 人脸检测实验结果

对于结合跟踪的 MSSD 人脸检测网络，先将 MSSD 的基础网络 MobileNet 在 ImageNet(Deng et al.，2009)1000 分类的大型图像数据库上进行预训练；然后再将预训练好的模型迁移到 MSSD 网络中，用人脸检测基准数据库 WIDER FACE 进行微调；最后用 WIDER FACE 的测试集进行测试。图 5.15 是测试集中部分图片检测得到的结果，可知 MSSD 人脸检测网络对多尺寸、多角度和遮挡等均具有较好的检测效果，稳定性强。

在检测速度方面，本节使用大小为 640×480 的视频进行测试，取视频的前 3000 帧来计算平均处理速度，并与目前主流的人脸检测网络模型进行了对比实验。表 5-8 是不同方法人脸检测速度对比结果。本节所提出的方法采用 MSSD 网络检测人脸，速度达到 63 帧/s，再结合 KCF 跟踪器，速度可达到 158 帧/s，是当前主流人脸检测网络 MTCNN 检测速度的 6.3 倍，相比之下本节所提出的方法优势非常明显。

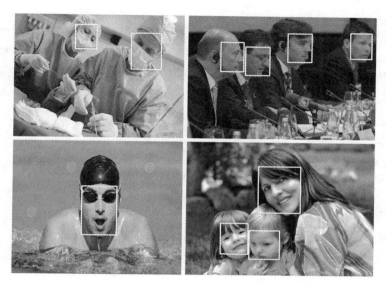

图 5.15   WIDER FACE 测试结果

表 5-8 中 Faceness 方法出自文献（Yang et al.，2015），MTCNN 方法出自文献（Zhang et al.，2016），SSD 方法出自文献（Liu et al.，2016）。

表 5-8   不同方法人脸检测速度对比

方法	平均速度/(帧/s)
Faceness	10
MTCNN	25
SSD	37
MSSD	63
MSSD+KCF	158

4. 人脸表情识别实验结果

人脸表情识别实验主要是在 FER-2013 和 CK+两个数据库上进行训练和测试，在训练过程中均采用随机初始化权重和偏置，批量大小为 16，初始学习率为 0.01，并且采用了训练自动停止策略，即出现过拟合现象时，训练经过 20 个循环后自动停止并保存模型。

本节所提出的方法使用 FER-2013 的训练集（28709 张）进行训练，公共测试集（3589 张）作为验证集来调整模型的权重参数，最后用私有测试集（3589 张）进行最后的测试。然后将本节所提出的方法与目前先进的表情识别网络进行了对比，表 5-9 是不同方法在 FER-2013 上的识别率对比结果。可知本节所提出的方法优于其他主流方法，达到了 73.0% 的识别率，较 Kaggle 人脸表情识别挑战赛冠军 Tang（2015）的识别率提高了 1.8 个百分点，同时识别速度达到了 154 帧/s。

在 CK+数据库上的实验采用了迁移学习方法，将模型在 FER-2013 上训练得到的权重参数作为预训练结果，然后在 CK+上进行微调，并采用 10 折交叉验证对模型性能进行评估。表 5-10 是不同方法在 CK+数据库上的识别率对比，本节所提出的方法取得了 99.5% 的最高识别率。

表 5-9   FER-2013 数据库上的识别率对比（%）

方法	识别率
Zhai 等（2017）	59.1
Jeon 等（2016）	70.7
Tang（2015）	71.2
Guo 等（2016）	71.3
本节方法	73.0

表 5-10   CK+数据库上的识别率对比（%）

方法	识别率
Song 和 Bao（2017）	93.2
Zhao 等（2016）	95.8
Li 和 Lam（2015）	96.8
Zhang 等（2017）	98.9
Ding 等（2016）	98.6
Connie	99.4
本节方法	99.5

注：Connie 的方法参考文献（Al-Shabi et al.，2017）。

图 5.16 和图 5.17 分别是在 FER-2013 和 CK+两个数据库上的识别结果混淆矩阵，其横坐标为预测标签，纵坐标为真实标签。在数据库 FER-2013 中，高兴的识别率最高，为 90.0%，其次是惊讶和厌恶，对恐惧和悲伤的识别率相对较低。从图 5.16 可看出造成这两者识别率较低的原因是这两类表情容易相互混淆。在数据库 CK+中，其数据库较小并且没有 FER-2013 中那么多的标签噪声，因此本节方法在该数据库中除了厌恶之外的各类表情识别率均为 100%，仅将厌恶表情中的 3%识别为了愤怒，整体识别率高达 99.5%。

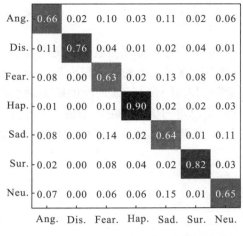

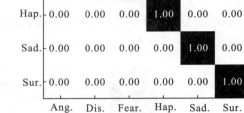

图 5.16　FER-2013 识别结果混淆矩阵　　　　图 5.17　CK+识别结果混淆矩阵

注：Ang.、Dis.、Fear.、Hap.、Sad.、Sur 和 Neu. 分别表示愤怒、厌恶、恐惧、高兴、悲伤、惊讶和自然七种情绪，后同。

　　针对人脸表情识别的泛化能力不足、稳定性差以及速度难以达到实时性的问题，本节提出了一种基于多尺度核特征卷积神经网络的实时稳定人脸表情识别方法。用检测加跟踪的模式进行行人脸检测，实现了 158 帧/s 的快速稳定人脸检测，而且多尺度核特征表情识别网络在 FER-2013 和 CK+数据库上分别达到了 73.0%和 99.5%的高识别率。整个系统采用轻量化网络结构，人脸检测和表情识别总体处理速度高达 78 帧/s。可见本节提出的实时人脸表情识别的精度和速度都能满足实际需求。

5.3　基于深度学习的行人重识别

5.3.1　行人重识别概述

　　行人重识别作为计算机视觉领域近几年比较热门的研究方向，研究之初便受到众多研究人员的重点关注。行人重识别的目的是通过提取行人的相关特征用来判别待检测图像中是否存在目标行人，如若存在则需识别出其身份。与人脸识别任务不同的是，人脸识别要求检测人员配合完成图像采集，而行人重识别采用的是随机拍摄的图像，同时要求相机彼此之间不存在相交视角。也正是因为如此，不同分辨率的相机或摄像头、人体形变以及遮挡使得行人重识别成为一项极具挑战性的研究任务。

　　行人重识别的相关研究有非常重大的意义，在公安追逃、寻找失踪人员方面具有巨大的应用前景。过去几十年，公安部门在追查逃犯或失踪人口时，往往只能依据不多的照片或视频等线索，根据推理和直觉，对可疑地区的视频图像进行逐一排查，从而寻找到线索，但考虑到视频的数量与时长，完全依赖人力实现需要大量时间，办事效率极其低下，同时很可能出现疏忽，错过最佳时间。行人重识别的研究提供了解决方案，使得采用机器学习方法对特定目标进行检测成为可能。近几年，行人重识别取得了重大突破，行人特征表示与距离度量表示是极其重要的两个研究点。随着人工智能成为国家的战略发展目标，行人重识别迎来了非常好的发展契机。

1. 行人重识别基本框架

行人重识别基本流程框架如图 5.18 所示，主要分为行人特征提取和距离度量学习两个过程。行人特征提取过程是采用特征提取算法对不同摄像头下的行人提取局部或全局特征，距离度量学习过程是对提取的特征采用度量学习算法计算行人之间的距离判别相似性。在行人重识别研究中，要求多个不同且没有相交视角的摄像头进行拍摄，采用行人检测算法找出图像中的行人，并对行人进行特征提取，然后计算特征相似性进行评分，通过评分判别是否为同一行人。

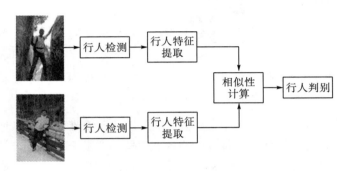

图 5.18　行人重识别基本流程框架

2. 行人特征表示

特征的提取对于行人重识别是非常重要的，特征质量将会直接决定行人重识别的性能，因此特征提取方法的选取是行人重识别的关键一步。根据特征的选取提取方式可以将行人特征分为基于人工设计的特征和基于深度学习的特征。

1）基于人工设计的特征

在行人图像中，颜色、形状以及纹理作为图像的底层特征，是行人检测以及再识别任务中常用的人工设计特征。

颜色是图像呈现给人类最直观的视觉特征，通过颜色的分布可以了解图像的全局分布。与其他的底层特征相比较，颜色作为像素级特征，每个像素表示一种颜色，同时颜色对图像进行平移、方向以及旋转等操作存在一定的抗干扰能力。在图像处理中，常用的颜色特征主要有 RGB、YUV（亦称 YCbCr）以及 HSV 等。RGB 色彩空间采用物理三基色表示，分别为红、绿和蓝三种颜色空间信息；YUV 是被欧洲电视系统所采用的一种颜色编码方法，其中 Y、U 和 V 分别为颜色亮度（luminance 或 luma）与不同色度信息（chrominance 或 chroma）；HSV 分别为颜色的色调（hue）、饱和度（saturation）和亮度（value）信息。由于 HSV 中亮度信息能够促进大家对颜色特征的理解，同时更为直观地描述颜色特征，因此在提取颜色特征时通常选择 HSV 颜色空间模型。

形状是对物体外观进行的描述，能够帮助人们认知以及感知所有事物，是物体识别与分类的又一重要特征。在行人重识别中，由于行人形状的多变性以及行人之间的重叠覆盖造成特征不完整，加大了提取形状特征的难度，因此形状特征无法作为主要的特征对行人进行描述。纹理是描述物体的表层信息，是协助人们区别物体的一个关键特征，但其对光照以及反射的不同变化反应敏感。

针对视频序列中不同场景和时间的行人，Berclaz 等(2011)提出利用 RGB 颜色特征进行识别与跟踪。Mignon 和 Jurie(2012)选择同时采用 RGB、YUV 和 HSV 的多通道颜色信息以及图像的纹理信息进行行人特征的提取。常用于纹理特征提取的算法包括 Gabor 滤波器、HOG、SIFT 以及 LBP 等。

2) 基于深度学习的特征

采用人工设计的特征用于行人重识别，由于提取的特征为图像的表层信息，没有对图像中更深层次的语义信息进行提取，在实验阶段可知人工设计特征仍存在很大的缺陷。图像中不同层次的语义信息更能体现出其本质属性，提取语义信息特征有助于提升行人重识别的性能。

采用深度学习方法不仅可以提取图像的表层特征，同时还可以提取高层语义特征，因此被广泛应用于行人重识别研究。深度学习的网络框架是分层结构，网络的浅层提取边缘、颜色、纹理等局部细节信息，中间层排除一些干扰信息，较深层获取丰富的语义信息。与人工设计的特征比较，深度学习的优势在于对不同层的特征处理以及得到最终特征是一个自主学习的过程。

CNN 作为深度学习的经典网络模型之一，以 CNN 为基础提出的诸多深度学习方法在 ImageNet 挑战赛上不断创造佳绩，成功地推动深度学习在计算机视觉领域的发展。Zheng 等人提出采用 SCNN(Spatial CNN)实现行人重识别(Zheng et al.，2016)，SCNN 结构是由两个共享参数的五层 CNN 提取图像的特征，然后采用余弦函数计算两个特征的余弦距离判断两个行人的相似性。由于在采用 CNN 提取特征时，经过全连接层得到权重向量之间都是高度相关的，Sun 等(2017)提出 SVDNet 对基础网络提取的特征进行奇异值分解，然后采用约束与松弛模式进行迭代训练减少相关性，提高行人重识别的识别率。Zhang 等(2016)采用两个 GoogleNet 作为基础网络对图像提取高层语义特征，以自适应的方式学习行人之间的判别特征。以上采用 CNN 提取行人特征的方法，相比人工设计特征的行人重识别性能均得到了稳步提升。

3. 距离度量表示

距离度量就是通过计算不同特征之间的距离来评判图像对的相似性。距离度量表示是行人重识别研究中的一个必不可少的步骤，根据不同的研究阶段可以分为传统方法和深度学习方法。

1) 传统方法

目前，常用的距离度量学习基本都是采用不同的线性变换方法对提取的行人特征进行特征表示。然而，由于大多数的行人图像主要存在于非线性空间中，采用部分线性方法是不能精准地计算出不同行人图像之间的距离的，因此在计算距离之前普遍利用核函数的方法进行非线性化处理。比较常用的传统方法主要有三种。

欧氏距离：主要用于测量二维及以上空间中的不同点间的绝对距离，是行人重识别中比较常用的度量学习方法。设定 $x_i, y_i (1=1,2,\cdots,m)$ 表示分别从两张不同图像得到的 m 维特

征表示，欧氏距离表示为

$$d_e(x_i, y_i) = \sqrt{\sum_{i=1}^{m}(x_i - y_i)^2} \qquad (5\text{-}14)$$

马氏距离：根据各个样本点分布测量距离的方法，是对欧氏距离的一种改进方法。设定两张图像 X、Y，x_i、x_j 分别表示在图像中提取的特征向量，$\sum$ 表示两张图像的特征协方差矩阵，计算马氏距离的公式为

$$d_m(x_i, y_i) = \sqrt{(x_i - x_j)^T \sum{}^{-1}(x_i - x_j)} \qquad (5\text{-}15)$$

余弦距离：用来计算两个不同向量之间的夹角余弦值，其取值范围是[-1,1]，通过计算不同图像特征间的余弦值来判别图像间的相似性，余弦距离的公式为

$$d_{\cos}(x_i, y_i) = \frac{x_i^T x_j}{\sqrt{x_i^T x_i}\sqrt{x_j^T x_j}} \qquad (5\text{-}16)$$

2）深度学习方法

传统方法在简单环境中行人重识别的效果非常不错，但在相对复杂环境中的识别精度和速度均无法满足实际应用。经过近几年的发展，行人重识别在深度学习领域的研究取得了非常大的进展。同时，其广阔的应用前景使得其在深度学习领域仍然有非常大的发展空间。

图 5.19 为 PersonNet 网络框架，该网络首先采用两路相同的四个卷积层分别从多张行人图像中提取特征，然后利用交叉邻域差异层对特征进行建模，计算局部特征的差异，最后在梯度更新过程中采用自适应均方根梯度下降算法。对于交叉邻域差异层，主要是计算每个特征点与其对应邻域特征点的差异。对于同一个人的不同图像，差异值近似为零，并且部分非零值是极小且平均分布的，对于不同行人的图像通过差异层可以明显显示出不同的局部差异。

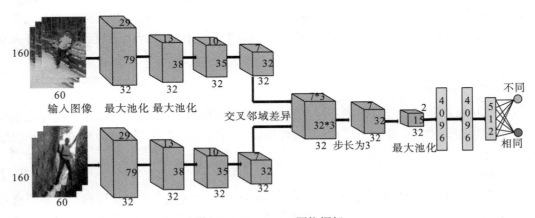

图 5.19　PersonNet 网络框架

4. 算法评判标准

1）行人检测评判标准

检测网络的性能如何主要取决于对训练模型的评估，精度和速度是评估网络最关键的

两个指标。在行人检测中，召回率、准确率以及精确率是评估检测精度的三个重要指标，用平均每秒检测帧数评估检测速度。

在介绍指标之前，先对指标的参数进行简要说明，TP 表示目标样本被检测为目标样本，TN 表示非目标样本(背景)被检测为非目标样本，FP 表示非目标样本被错误地检测为目标样本，FN 表示目标样本被错误地检测为非目标样本。

召回率(Recall)：$Recall = \dfrac{TP}{TP+FN}$，表示被正确检测出的目标样本与所有目标样本之比。

准确率(Accuracy)：$Accuracy = \dfrac{TP+TN}{TP+TN+FP+FN}$，表示被正确检测的目标和非目标样本与所有被检测的样本之比。

精确率(Precision)：$Precision = \dfrac{TP}{TP+FP}$，表示被正确检测出的目标样本与所有被判定为目标的样本之比。

2)行人重识别的性能评判标准

在行人重识别中，通常采用累计匹配(cumulative matching characteristic，CMC)曲线评估算法或网络模型的性能。在评估之前，需要满足以下条件：在相同的硬件配置下进行实验比较不同算法的运行速度，在相同的公开数据库或自建数据库上评估保证算法运行速度的公平性。

画 CMC 曲线时需要给定两个行人数据库，一个摄像机所拍摄的数据作为查找集，而另一个摄像机中的行人数据为候选集。当查找的对象在候选集中进行距离比较之后，将候选集中的行人按照距离的远近由小到大进行排序，要查找的行人排序越靠前，则算法的效果越好。Rank-n 表明在前 n 个相似性最高的图像中得到目标行人的概率，同理 Rank-1 为相似性最高的图像中得到目标行人的概率，Rank-5 为前 5 个相似性最高的图像中得到目标行人的概率。在行人重识别效率评估中，常用的概率指标为 Rank-1 和 Rank-5，同时 Rank-1 与 Rank-5 的概率越高就表明算法或网络的性能就越好。

本节主要介绍了行人检测的基础理论知识。首先介绍了行人检测的基本框架；然后详细介绍了传统机器学习与深度学习常用的行人特征提取和距离度量方法；最后介绍了行人重识别的性能评判标准。综上可知，传统的行人检测方法受背景的约束较大，提取的特征为图像的表层信息，没有对图像中更深层次的语义信息进行提取，仍存在很大的缺陷。而采用深度学习方法可以提取出更丰富的特征，因此深度学习方法被广泛应用于行人重识别研究中。

5.3.2　结合全局与局部特征的行人重识别方法

在不同环境下对特定行人进行检测，首先要求检测出不同摄像头下的所有行人，然后与提供的目标行人图像进行匹配找到目标行人。行人重识别要求在多个没有相交视角的摄像头下检测行人，并通过相似性计算判别是否为目标。经过几年的研究与发展，深度学习在行人重识别领域取得了不错的成果，相继提出了 FPNN(一种优化的过程神经网络模型)、SVDNet、PersonNet 等网络。

　　级联网络的每个子网络均为几层的浅层网络,较小的输入尺度使得在子网络训练前必须对原始图像进行预处理,训练最终模型需要对训练集进行三次预处理,其过程稍显烦琐。因此采用基于回归的目标检测网络 YOLOv3 来进行人头检测,再结合跟踪算法对目标进行快速跟踪,提高网络的检测性能。在此基础上继续深入研究对特定的目标在多摄像头下的匹配检测,也就是行人重识别。为了提高特定行人目标识别的准确率,在行人检测的基础上,本章提出基于改进后 AlignedReID 网络的行人重识别方法。该方法结合参数量少、泛化性能好的基础网络(ResNet-50/DenseNet-121),并融合行人的全局与局部特征,对网络结构进行微调,实现对特定行人目标的精确识别,并在不同数据库上进行实验评估。

　　1. 数据库介绍

　　在训练过程中,数据库中图像的数量和质量都会影响实验结果,因此数据库是非常重要的。目前,常用的公开行人重识别数据库有 Market-1501、CUHK03 以及 DukeMTMC-ReID 等。本节将简要介绍实验所采用的数据库。

　　1)Market-1501 数据库

　　Market-1501 数据库中的图像主要来源于校园,分别由 6 个视角没有重叠的摄像头进行采集。该数据库主要采集 1501 个行人,共包含 32668 张行人图像,其中 751 个行人共12936 张图像作为训练集,750 个行人共 19732 张图像作为测试集。

　　2)CUHK03 数据库

　　CUHK03 数据库通过 5 个不同的摄像头采集,总共包含 1467 个行人 12697 张图像,每个行人大约有 10 张图像。该数据库将 767 个行人共 7365 张行人图像作为训练集、700个行人共 5332 张行人图像作为测试集。数据库根据标注方法不同分为 CUHK03(detected)和 CUHK03(labeled)两个子集,其中 CUHK03(detected)子集表示每个行人图像由行人检测算法标注,CUHK03(labeled)子集表示每个行人图像由人工标注。图 5.20 为数据库样例展示。

　　2. 改进后的 AlignedReID 网络

　　目前,行人重识别领域拥有的巨大发展潜力和商业价值,使得行人重识别研究成为计算机视觉领域的研究热点之一。近几年,国家对人工智能的重视使得行人重识别研究得到飞速发展,但距离应用还有很长一段路要走。相比传统方法更加注重于提取如颜色、纹理以及形状等表层信息的特点,深度学习方法采用 CNN 提取行人的高层语义特征,并通过度量学习判断不同的行人图像是否为同一个人。然而,部分深度学习方法直接提取行人图像的全局特征,没有考虑错位、遮挡以及类似外形等因素对特征提取的影响。与目标检测、人脸检测等方向的难点一样,姿势、遮挡以及拍摄角度等因素也给研究带来了极大的挑战。

图 5.20　数据库样例展示

　　如图 5.21 所示是 AlignedReID 网络框架结构。该网络采用 ResNet-50 作为基础网络进行特征提取，然后对提取的特征进行两个不同分支的处理：提取行人的全局特征、计算全局距离与提取行人的局部特征并计算局部距离，最后融合全局距离和局部距离作为行人图像之间的距离。全局特征只需要对基础网络提取的特征进行全局池化处理，而局部特征首先对基础网络提取的特征进行水平池化处理，然后经过卷积层处理。水平池化相当于横向的全局池化，类似于将全局特征水平分成若干个局部特征，其目的是获取图像或特征的局部信息。

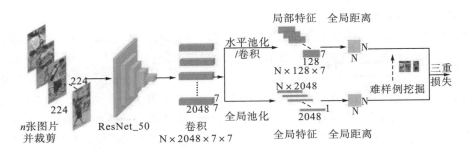

图 5.21　AlignedReID 网络框架(Danelljan et al.，2016)

1) ResNet-50 基础网络

　　由于 CNN 层数的不断增加使得在训练中出现梯度消失或爆炸的现象，同时训练的网络模型性能可能会出现不同程度的下降，残差结构能够有效地解决此问题。因此采用残差

　　结构构建较深的 ResNet 网络，不仅可以提取高层的语义信息，还可以有效防止梯度消失和模型退化的问题。

　　图 5.22 表示两个常用的残差基本结构，主要采用跳跃式结构进行连接，该结构的定义公式为 $H(X)=F(X)+X$，通过对输入特征 X 经过不同层数的卷积层卷积得到特征 $F(X)$，再将输入特征直接传输到输出端与 $F(X)$ 相加得到最终特征 $H(X)$，并作为下一模块的输入。采用残差结构构建网络使得网络的优化指标由 $H(X)$ 变换为 $F(X)$。目前，常用的残差结构网络有 ResNet-34、ResNet-50、ResNet-101 以及 ResNet-152，我们采用的是 ResNet-50 网络。为了探究不同基础网络对结果的影响，以下将介绍另一个有效的基础网络。

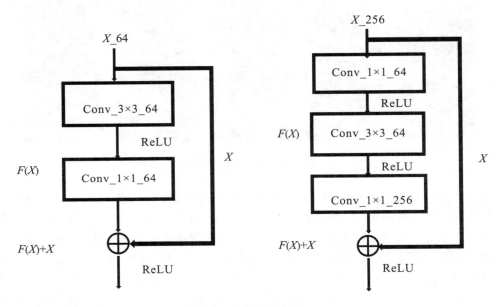

图 5.22　残差基本结构

2）DenseNet-121 基础网络

　　ResNet 通过残差连接使得网络层数不断加深，GoogleNet 采用 inception 模块加大网络的宽度，DenseNet 则是充分利用特征的作用构建深层网络。

　　图 5.23 为 DenseNet 网络的基础结构——稠密块，每个稠密块分别由多个卷积块 Conv_BN 组成，其中 n 表示 n 个卷积块，每个 Conv_BN 由卷积核为 1×1 和 3×3 的两个卷积层构成，卷积层间是相互连接的。在稠密块中，每个卷积块选择卷积核为 1×1 的卷积层处理特征是为了降维，减少参数计算量，同时结合特征层中的特征。目前常用的 DenseNet 有 DenseNet-121、DenseNet-169、DenseNet-201 和 DenseNet-264。

　　图 5.24 为 DenseNet-121 的框架结构图，主要由四个稠密块构成，每个稠密块间采用常用卷积层进行处理。该网络采用跳跃连接方式将前面稠密块的输出传输到后面每个稠密块的输出中，这样可以保证后面的每一层能够充分学习前面层的特征信息，因此 DenseNet 可以定义为

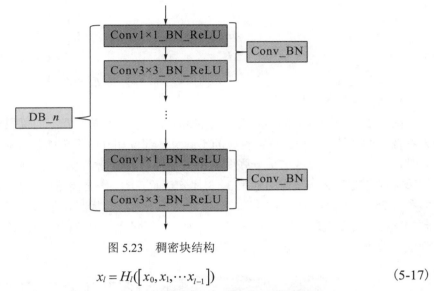

图 5.23 稠密块结构

$$x_l = H_l([x_0, x_1, \cdots x_{l-1}]) \tag{5-17}$$

稠密块中卷积层采用1×1卷积层降维使得整个稠密块的计算量减少,同时也大量降低了网络的计算量。采用跳跃连接方式构建的 DenseNet 有效减少在训练过程中出现的梯度消失,同时充分利用不同层特征并增强了特征之间的传递。

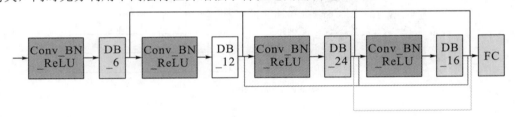

图 5.24 DenseNet121 框架结构

3) 距离度量

通过基础网络提取出行人的特征,接下来计算不同行人图像之间局部特征、全局特征、局部+全局特征的距离来判断不同行人之间的相似性,距离越大则表示图像中的行人不是同一个人,反之则表示图像中的行人为同一个人。

首先介绍计算不同行人之间局部距离的方法。将图像 1 和图像 2 进行图像切块对齐,图像 1 和图像 2 的局部特征分别表示为 $P_1 = \{p_1^1, p_1^2, \cdots, p_1^n\}$ 和 $P_2 = \{p_2^1, p_2^2, \cdots, p_2^n\}$, n 表示局部特征的数量,先对特征之间的距离进行归一化处理,即图像 1 中的图像块与图像 2 中的图像块之间的距离为

$$d_{i,j} = \frac{e^{\left\| p_1^i - p_2^j \right\|_2} - 1}{e^{\left\| p_1^i - p_2^j \right\|_2} + 1} \tag{5-18}$$

式中, $d_{i,j}$ 表示图像 1 中的第 i 部分图像块的特征与图像 2 中的第 j 部分图像块的特征的距离,最终图像 1 与图像 2 中所有图像块之间的距离构成一个矩阵 $\boldsymbol{D}$。因此,对于图像 1 与图像 2 的局部特征最优距离可以定义为在矩阵 $\boldsymbol{D}$ 的 $(1,1)$ 至 (n,n) 的最优总路径。

其计算公式为

$$S_{i,j} = \begin{cases} d_{i,j} & i=1, j=1 \\ d_{i,j} + S_{i-1,j} & i\neq1, j=1 \\ d_{i,j} + S_{i,j-1} & i=1, j\neq1 \\ d_{i,j} + \min(S_{i-1,j}, S_{i,j-1}) & i\neq1, j\neq1 \end{cases} \tag{5-19}$$

式中，$S_{i,j}$ 表示从 $(1,1)$ 至 (i,j) 的最优路径的距离。

图 5.25 为局部距离表示实例，两幅图像分别为不同位置不同摄像头拍摄的同一个行人图像。两幅图像的局部特征对应的不同身体部位相互匹配判断是否对齐，局部特征的对齐是在一张图像中寻找与另一张图像中的某块局部特征相似的局部特征，如第 1 张图像中的第 2 部分与第 2 张图像中的第 3、4 部分是对齐的，距离度量时可知这明显是最优距离，如图 5.25 右侧的路径图中的第二个横向箭头所示。最优路径是通过局部特征进行匹配得到的，其主要贡献是由特征对齐部分贡献的。不同行人图像之间的局部距离是依次从顶端到底端对不同局部特征进行匹配，获取的最优局部距离。

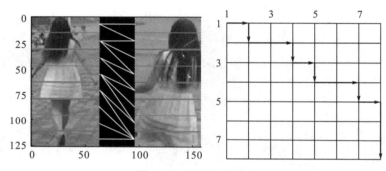

图 5.25　局部距离表示

不同行人图像之间的全局距离是先根据训练好的基于 ResNet-50 或 DenseNet-121 改进后的 AlignedReID 网络得到全局特征，然后采用欧氏距离方法来计算不同行人图像全局特征之间的距离。

此外将计算得到的行人局部与全局距离相加，得到行人的局部+全局距离，接下来用不同行人图像之间局部距离、全局距离、局部+全局距离来判别行人相似性。

4）网络损失函数

通过计算不同图像之间的局部距离、全局距离、局部+全局距离来进行行人相似性判别，同时采用 TriHard 损失函数（难样本三元组损失函数）对度量学习的差值评估网络的损失。

$$L_{th} = \frac{1}{P\times K}\sum_{a\in batch}\left(\max_{p\in A} d_{a,p} - \min_{n\in B} d_{a,n} + \alpha\right)_+ \tag{5-20}$$

$$(z)_+ = \max(0, z) \tag{5-21}$$

式中，α 表示依据不同情况人工设置的阈值。P 与 K 表示每进行一个批次训练时，在数据库中随机选择 P 个不同身份的行人，每种身份选取 K 张不同环境下的图像，构建成一个拥有 $P\times K$ 张图像的图像批次。随后，在该批次中随机选取一张图像 a，计算图像 a 与该图像批次其他图像的距离，根据计算得到的距离，分别选取与相同身份行人相似性最低的一张行人图像和与不同身份行人相似度最高的一张行人图像构建成一个三元组。然后，

与该图像 a 身份相同的添加至 A 图像集，反之则添加至 B 图像集。经过实验对比和查找到的资料显示，在进行难例样本挖掘时，计算图像 a 与该图像批次其他图像的全局距离最后得到的识别效率更高，同时计算全局距离的速度更快、效率更高，因此在本节所提出的方法中选择计算全局距离来进行行人相似性判别，然后采用 TriHard 损失函数对度量学习的差值评估网络的损失。

3. 实验结果及分析

1）训练方式及参数设定

主要在 Market-1501 和 CUHK03（detected）两个标准数据库上对本节所提出的方法进行训练和测试。本节采用改进后的 AlignedReID 网络，具体操作如下：分别选择 ResNet-50 和 DenseNet-121 作为 AlignedReID 的基础网络，然后计算行人图像之间的局部、全局和局部+全局三种不同距离。在训练过程中，TriHard 损失的边距设定成 0.3。初始学习率为 2×10^{-4}，学习率衰减为 0.1，采用 Adam 算法进行优化。总共训练 300 个 epoch（1 个 epoch 等于使用训练集中的全部样本训练一次），每个训练或测试的批次为 32。

2）Market-1501 测试结果

在 Market-1501 数据库的训练集上进行训练和测试。图 5.26 展示了基于 ResNet-50 改进后的 AlignedReID 网络在 Market-1501 数据库上的结果。其中（a）、（b）、（c）分别为局部距离、全局距离和局部+全局距离的检测结果，每种距离均展示了相同行人（上）和不同行人（下）两种结果。

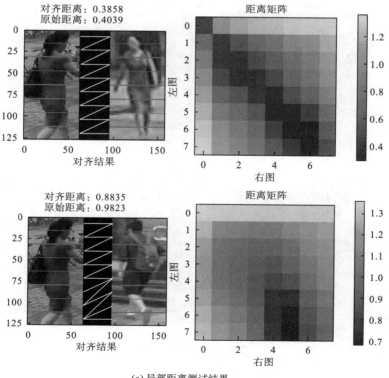

(a) 局部距离测试结果

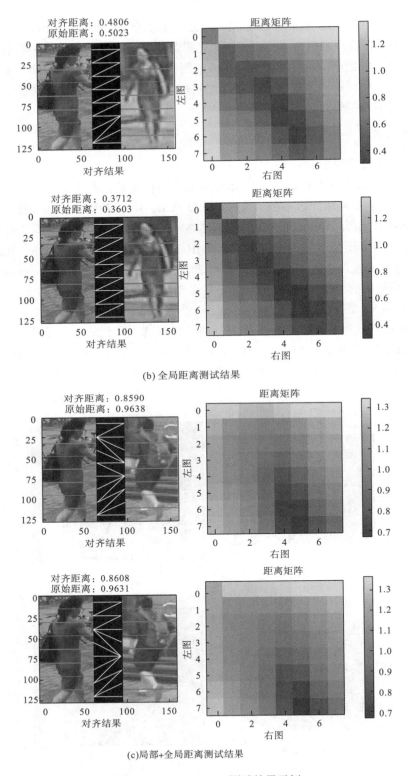

(b) 全局距离测试结果

(c)局部+全局距离测试结果

图 5.26　Market-1501 测试结果示例

不同行人图像之间的原始距离存在一定偏差。测试距离（aligned distance）表示不同行人图像由基于 ResNet-50 改进后的 AlignedReID 网络得到的特征通过欧氏距离计算方法计算得到的距离。由上图可知，在计算不同行人图像之间的局部距离、全局距离和局部+全局距离来判别行人的相似性时，同一个行人不同角度拍摄的图像之间的距离始终低于不同行人图像之间的距离。对于行人的不同图像，采用基于 ResNet-50 改进后的 AlignedReID 网络得到的测试距离基本都低于原始距离。

由表 5-11 可以得出，采用 ResNet-50 为基础网络时，同时使用不同行人之间的全局与局部距离进行相似性判别的结果比单独使用不同行人之间的局部或全局距离的判别结果要好；采用 DenseNet-121 为基础网络时，单独使用不同行人之间的全局距离进行相似性判别的结果优于单独使用不同行人之间的局部距离或同时使用不同行人之间的局部与全局距离的判别结果。因此可以得出，DenseNet-121 较深层网络的跳跃连接可以提取包含足够多细节信息的全局特征，而学习不同行人之间的局部特征是对行人的不同部分进行比较，由于局部特征的相似性融合不同行人之间的全局与局部特征使得网络的整体性能下降。

表 5-11　Market-1501 上的检测结果（%）

基础网络	全局			局部			局部+全局		
	Rank-1	Rank-5	mAP	Rank-1	Rank-5	mAP	Rank-1	Rank-5	mAP
ResNet-50	89.2	94.4	75.9	90.7	95.2	75.5	92.0	96.4	88.5
DenseNet-121	93.8	97.3	90.5	91.7	96.1	88.5	93.3	96.8	89.9

表 5-12 为其他方法与以 DenseNet-121 为基础网络改进后的 AlignedReID 网络在 Market-1501 数据库上进行性能比较的结果。由表可知，改进后的 AlignedReID 网络的 Rank-1 性能与 HANet 相当，相比其他方法的再识别效果更好，Rank-1 识别率高达 93.80%。同时，改进后的 AlignedReID 网络在 mAP 性能指标上存在明显优势，达到 90.50%。

表 5-12　Market-1501 上不同方法比较结果（%）

方法	mAP	Rank-1
PersonNet	18.57	37.21
Part-Aligned	41.80	64.22
HPNet	—	76.90
HANet	82.80	93.80
PSE	84.00	90.30
改进后的 AlignedReID	90.50	93.80

3）CUHK-03（detected）测试结果

与 Market-1501 数据库中的图像相比较，CUHK03 数据库中图像的采集环境更为复杂，此外，CUHK03 数据库中的图像存在部分遮挡的情况，给行人重识别带来了不小的挑战。

在 CUHK03（detected）数据库的训练集上对本节所提出的方法进行训练和测试，同样在
ResNet-50 和 DenseNet-121 两个基础网络中分别计算不同行人图像之间的局部距离、全局
距离和局部+全局距离来判别相似性。图 5.27 展示了基于 ResNet-50 改进后的 AlignedReID
网络在 CUHK03（detected）数据库上的结果。其中（a）、（b）、（c）分别为局部距离、全局距离
和局部+全局距离的检测结果，每种距离均展示了相同行人（上）和不同行人（下）两种结果。

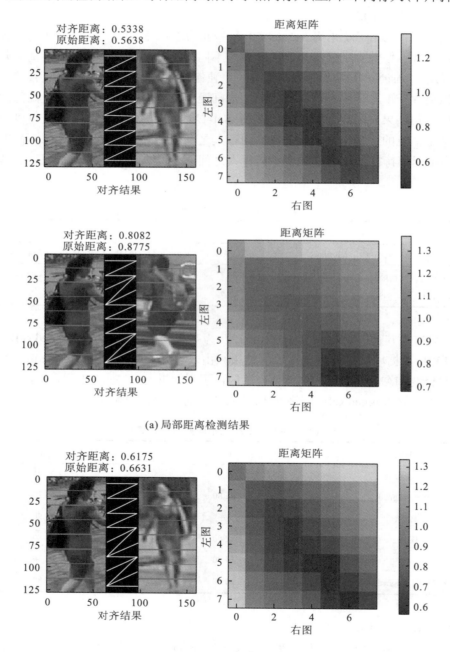

(a) 局部距离检测结果

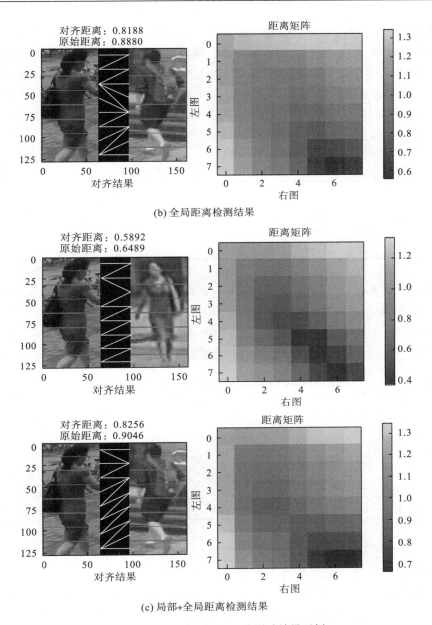

(b) 全局距离检测结果

(c) 局部+全局距离检测结果

图 5.27 CUHK03（detected）测试结果示例

图 5.27 与图 5.26 相比可以得出，基于 ResNet-50 改进后的 AlignedReID 网络采用 CUHK03（detected）训练的模型计算得到的同一行人不同图像的原始距离与测试距离均略高于采用 Market-1501 训练的模型；同时采用 CUHK03（detected）训练的模型计算得到的不同行人不同图像的原始距离与测试距离均略低于采用 Market-1501 训练的模型。

由表 5-13 可以看出，不管采用 ResNet-50 或者 DenseNet-121 作为基础网络，利用不同行人之间的局部+全局距离进行相似性评定的效果均要好于单独利用不同行人之间的局部或全局距离的效果。另外，相比较采用基于 ResNet-50 基础网络改进后的 AlignedReID

网络训练模型，采用基于 DenseNet-121 基础网络改进后的 AlignedReID 网络得到的模型在计算局部、全局与局部+全局距离效果方面均得到了一定的提升，其 Rank-1 结果为 68.2%，Rank-5 为 80.2%。同时，与 Market-1501 数据库相比，CUHK03（detected）数据库中图像更少，同一个行人的图像数量偏少，同时行人图像存在部分遮挡，这是制约再识别结果的重要因素。因此，在训练过程中，无论采用 ResNet-50 或 DenseNet-121 作为基础网络，均需要同时提取局部和全局特征才能获得更多有助于再识别的信息。

表 5-13　CUHK03（detected）上的检测结果（%）

基础网络	全局			局部			局部+全局		
	Rank-1	Rank-5	mAP	Rank-1	Rank-5	mAP	Rank-1	Rank-5	mAP
ResNet-50	60.7	75.9	58.4	60.2	76.1	58.2	**67.6**	**79.5**	**70.7**
DenseNet-121	65.6	79.6	69.7	65.6	77.4	68.4	**68.2**	**80.2**	**71.6**

表 5-14 为其他方法与以 DenseNet-121 为基础网络改进后的 AlignedReID 网络在 CUHK03（detected）数据库上进行性能比较的结果。由表 5-14 可以得出，改进后网络在 CUHK03（detected）数据库上的 Rank-1 识别率为 68.20%，仅低于 HPNet 和 HANet 的识别率。但是，改进后的网络在 CUHK03（detected）数据库上的 mAP 达到 71.60%，明显优于其他方法。

表 5-14　CUHK03（detected）上不同方法比较（%）

方法	mAP	Rank-1
PersonNet	—	64.80
Part-Aligned	65.64	64.22
HPNet	—	91.80
HANet	38.60	93.80
PSE	84.00	41.70
改进后的 AlignedReID	71.60	68.20

本节主要对行人重识别进行相关研究。首先简要介绍了目前在行人重识别领域常用的公开数据库。然后对 AlignedReID 网络的原理进行详细的描述，包括对 ResNet-50 和 DenseNet-121 两个基础网络框架和改进后的 AlignedReID 网络进行了介绍，并通过实验进行性能分析对比。最后，采用以 ResNet-50 与 DenseNet-121 为基础网络改进后的 AlignedReID 网络分别在 Market-1501 和 CUHK03（detected）数据库上分别计算行人之间的全局、局部与局部+全局距离来进行行人相似度判别。根据以上实验结果可知：在 CUHK03（detected）数据库中采用基于 DenseNet-121 改进后的 AlignedReID 网络计算局部+全局距离的 Rank-1 识别率达到 68.20%，mAP 达到 71.60%；在 Market-1501 数据库中采用基于 DenseNet-121 改进后的 AlignedReID 网络单独计算全局距离的 Rank-1 识别率达到 93.80%，mAP 达到 90.50%；采用较深层的 DenseNet-121 基础网络比采用 ResNet-50 基础网络的识别性能得到了明显的提升。

第六章　深度学习平台

6.1　深度学习框架

在介绍深度学习平台搭建之前，首先需要介绍深度学习框架，下面将介绍几种常用的深度学习框架。

6.1.1　Caffe 框架

Caffe 框架是由 C++语言编写的具有 BSD 许可协议的开源框架，是一个可读性强、清晰的深度学习框架，主要具有以下优点：

(1)代码开源，具有较高的运行速度，并且支持图形处理器(graphics processing unit, GPU)的加速；

(2)自带主流网络模型，如 VGG、Resnet、SSD 等，并且具有训练好的参数模型；

(3)模块化设计，可读性强；

(4)具有 MATLAB 和 Python 接口。

6.1.2　TensorFlow 框架

TensorFlow 是由 Google 公司发布的开源人工智能系统，具有 Tensorflow(中国)官方网站，给研究者的科研工作带来极大方便。该框架采用数据流图的计算方式，可以在服务器、移动设备以及嵌入式等多种平台中使用，并且支持一个或者多个 CPU/GPU，具备先进的深度学习算法的代码库，支持可视化学习，主要有以下优点：

(1)具有高度的灵活性，不仅支持深度学习，还支持任何数据流图形式的计算；

(2)可移植性强，可在 CPU/GPU、云端服务、嵌入式以及 Docker 容器等平台使用；

(3)支持 Python、C++以及 JAVA 等多种计算机语言；

(4)具有最优化性能，对队列、线程等具有最佳的处理效果，能发挥硬件的最高性能；

(5)具有大量的科学计算代码库、先进的深度学习代码库以及利用 ImageNet 等大型数据集训练好的参数模型。

6.1.3　MXNet 框架

由 dmlc/minerva、Purine2 和 dmlc/cxxnet 的作者发起，兼具动态执行、静态优化和符号计算的思想，支持 Python 的分布式接口，可以将代码快速向分布式迁移。该框架所有代码模块化，设计简洁清晰。主要具有以下优点：

(1)C 接口和动、静态库的设计使其具有轻松扩展新语言的能力；

(2)将命令式编程和符号式编程无缝连接，开发者可以进行两种混合编程；

(3)代码库便携和轻量，可以方便扩展到多个 GPU 和多台机器；

(4)支持云计算；

(5)具有广泛的模型和实例教程库。

6.1.4　Keras 框架

Keras 是由 François Chollet 设计的一个高层神经网络 API，为快速实验而生，由 Python 编写的高度模块化、极为简洁以及扩充性强的前端框架。主要具有以下优点：

(1)CPU 和 GPU 无缝切换；

(2)支持多种算法结合，如 CNN 和 RNN；

(3)代码极其简洁，减少研究者的代码编写时间；

(4)具有丰富的函数代码库；

(5)前端框架，可使 Tensorflow、Theano 以及 CNTK 框架作为后端，较为灵活简单。

除上述框架之外，目前比较流行的深度学习框架还有 Pytorch、Torch7、CNTK、Theano 以及 ConvNetJS 等。本书选择 Tensorflow 和以 Tensorflow 作为后端的 Keras 作为构建本文算法的深度学习框架。

6.2　深度学习平台搭建

在了解了常用深度学习框架后，6.2 节着手介绍深度学习的平台搭建。下面以 TensorFlow 框架为例，介绍深度学习平台搭建。

平台整体配置为：Ubuntu16.04+NVIDIA1080TI+CUDA9.0+cuDNN7.1.4+TensorFlow 1.8.0+Python3.5+PyCharm2018+OpenCV3.2。

6.2.1　Ubuntu16.04(U 盘引导安装)

1.U 盘引导设置

进入 Advanced Mode，将 Secure boot、Fast boot 选项均设置为 Disabled(Secure boot 选项若不能点击进行选择，需要先用其下方的"密钥管理"，将电脑密钥清除)；OS Type 选择 others 或 disable(中文：操作系统类型→其他操作系统)。

2. 系统安装

原始文件版本：Ubuntu-16.04.3-desktop-amd64.iso。

下载地址为：http://ubuntu.com/download/desktop#download-content。

磁盘分配如表 6-1 所示。

表 6-1　磁盘分配表

/	主分区	30~50G
/boot	逻辑分区（用于启动）	200~500M
交换空间	逻辑分区（可不要）	2G
/tmp	逻辑分区（可不要）	5G
/home	逻辑分区	足够大

注：将"安装启动引导器的设备"选择为之前分配/boot 的那个分区名。

6.2.2　安装搜狗拼音

添加 fcitx 的 PPA：

```
sudo add-apt-repository ppa: fcitx-team/nightly
sudo apt-get update
sudo apt-get install im-config
sudo apt-get -f install
```

安装 sogoupinyin*.deb。
下载地址为：http://pinyin.sogou.com/linux/。

```
sudo dpkg -i sogoupinyin_xxxx.deb
sudo im-config -s fcitx -z default
```
重启电脑 ok！

6.2.3　安装 NVIDIA 驱动

教程地址：http://blog.csdn.net/10km/article/details/61191230

1. 禁用 nouveau 驱动

必须先禁用，不禁用会出现进不了桌面、卡在登录页面的情况。
方法一：
(1)用编辑器 gedit 打开：
```
sudo gedit /etc/modprobe.d/blacklist-nouveau.conf
```
(2)添加如下内容：
```
blacklist nouveau
options nouveau modeset=0
```
(3)更新一下内核：
```
sudo update-initramfs -u
```
(4)重启系统。
(5)查看是否已禁用(无任何输出表示成功)：

```
lsmod | grep nouveau
```
方法二：

（1）修改属性：
```
ll /etc/modprobe.d/blacklist.conf
sudo chmod 666 /etc/modprobe.d/blacklist.conf
```
（2）用 gedit 编辑器打开：
```
sudo gedit /etc/modprobe.d/blacklist.conf
```
（3）在文件末尾添加以下几行命令：
```
blacklist vga16fb
blacklist nouveau
blacklist rivafb
blacklist rivatv
blacklist nvidiafb
```
（4）修改并保存文件后，把文件属性复原：
```
sudo chmod 644 /etc/modprobe.d/blacklist.conf
```
（5）再更新一下内核：
```
sudo update-initramfs -u
```
（6）重新启动系统。

（7）查看是否已禁用：
```
lsmod | grep nouveau
```

2. 安装 NVIDIA 驱动

方法一（通过 PPA 安装，时间较久）：

（1）使用如下命令添加 Graphic Drivers PPA：
```
sudo add-apt-repository ppa: graphics-drivers/ppa
sudo apt-get update
```
（2）寻找合适的驱动版本（所配电脑推荐版本是 NVIDIA-396）：
```
ubuntu-drivers devices
```
　　按 Ctrl+Alt+F1 进入 tty 文本模式（注：如果进入不了 tty 模式且为黑屏，则在命令行输入：sudo gedit /etc/default/grub；修改：GRUB_CMDLINE_LINUX_DEFAULT 的值为"nomodeset"；更新 grub：sudo update-grub；重启）。

　　tty 文本模式中输入用户名和密码，关闭（图形）桌面显示管理器 LightDM：
```
sudo service lightdm stop
```
安装 nvidia driver，如果网速度不好，可能要花比较长的时间。

安装完成后重启：
```
sudo apt-get install nvidia-396
sudo reboot
```

重启系统后，执行下面的命令查看驱动的安装状态，显示安装成功：

```
sudo nvidia-smi
sudo nvidia-settings
```

方法二（通过.run 文件安装，推荐）：

在官网（http://www.nvidia.com/Download/index.aspx？lang=cn）选择显卡驱动下载后将.run 文件放在 home 下。

按 Ctrl+Alt+F1 进入命令行界面，输入用户名和密码登录，再输入：

```
sudo service lightdm stop
```

小提示：在命令行输入：sudo service lightdm start，然后按 Ctrl+Alt+F7 即可恢复到图形界面。

命令行安装驱动。给驱动 run 文件赋予执行权限：

```
sudo chmod +x NVIDIA-Linux-x86_64-390.67.run
```

后面的参数非常重要，不可省略：

```
sudo ./NVIDIA-Linux-x86_64-390.67.run --no-opengl-files
```

之后，按照提示安装，出现警告不用管，成功后重启即可。

如果提示安装失败，不要急着重启电脑，重复以上步骤，多安装几次即可。

Driver 测试：

```
nvidia-smi #若列出 GPU 的信息列表，表示驱动安装成功。
nvidia-settings #若弹出设置对话框，亦表示驱动安装成功。
```

6.2.4　安装 CUDA9.0+cuDNN7.1.4+Tensorflow1.8.0+Python3.5

参考网址：https://blog.csdn.net/weixin_39679367/article/details/80208925

1. 安装 CUDA9.0

图 6.1 为 CUDA9.0 下载界面，网址为：

```
https://developer.nvidia.com/cuda-90-download-archive?target_
os=Linux&target_arch=x86_64&target_distro=Ubuntu&target_version=
1604&target_type=runfilelocal
```

下载完成后，进入到下载目录给文件添加运行权限（图 6.2）。

```
chmod +x ./cuda_9.0.176_384.81_linux.run
```

运行安装：

```
sudo ./cuda_9.0.176_384.81_linux.run
```

注：这里会出现一大篇文字，长按<Enter> or<Ctrl + c> 跳过，到最后输入 accept。

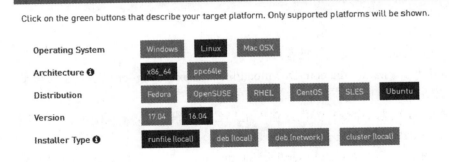

图 6.1   CUDA9.0 下载界面

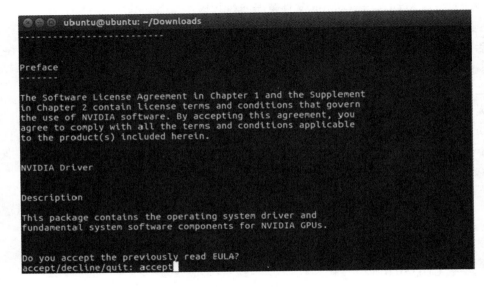

图 6.2   添加运行权限显示

注意：第一个提醒是否安装驱动时，选"n"，其余都为"y"。

添加环境：

```
gedit ~/.bashrc
```

把下面的内容添加到最后：

```
export PATH=$PATH: /usr/local/cuda-9.0/bin
export LD_LIBRARY_PATH=/usr/local/cuda-9.0/lib64: /usr/local/
cuda-9.0/extras/ CUPTI/lib64${LD_LIBRARY_PATH: +:${LD_LIBRARY_PATH}}
```

然后重启电脑(不重启下面测试为未安装)。测试是否安装成功：

```
nvcc --version
```

CUDA9.0 安装成功显示如图 6.3 所示。

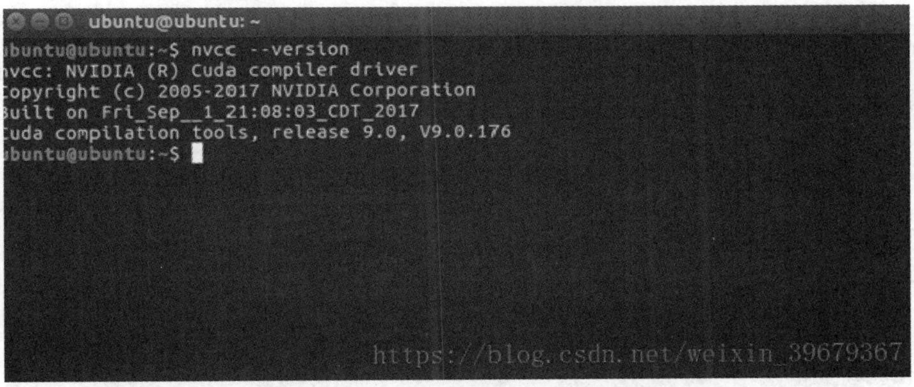

图 6.3　CUDA9.0 安装成功显示

2. 安装 cuDNN7.1.4

网址：https://developer.nvidia.com/rdp/form/cudnn-download-survey。

注册一个账号，就可以下载了。

下载完解压，里面有一个 cuda 文件，包括两个文件 include 和 lib64，把里面的文件复制到/usr/local/cuda-9.0/相应的目录里：

```
sudo cp /home/prl/下载/cuda/include/cudnn.h /usr/local/cuda-
9.0/include/
sudo cp /home/prl/下载/cuda/lib64/libcudnn* /usr/local/cuda-9.0
/lib64/
```

上述命令中的路径可改为自己的路径。

给文件加读权限：

```
sudo chmod a+x /usr/local/cuda-9.0/include/cudnn.h
sudo chmod a+x /usr/local/cuda-9.0/lib64/libcudnn*
```

3. 安装 TensorFlow1.8.0

下载网址：https://pypi.org/project/tensorflow/。

安装 pip3：

```
    sudo apt-get install python3-pip
    sudo pip3 install --upgrade pip
```

更换 pip 源，可将后面步骤的 pip 安装下载速度从几十 kB/s 提升到几十 MB/s。

在 home 下创建名为“.pip”的文件夹（设置完成后为隐藏文件夹，可用 Ctrl+h 查看），进入文件夹新建文档 pip.conf。

输入：sudo gedit pip.conf。

复制以下内容保存退出，完成。

```
    [global]
index-url = https: //pypi.tuna.tsinghua.edu.cn/simple
```

trusted-host = pypi.tuna.tsinghua.edu.cn

在所下载.whl 文件位置打开终端：sudo pip install（接下行，为一个命令）tf_nightly_gpu-1.8.0.dev20180414-cp35-cp35m-manylinux1_x86_64.whl。

查看是否安装成功，输入以下命令（Ubuntu16.04 系统自带了 python2.7 和 python3.5）：

python3

import tensorflow as tf

tf.__version__

出现版本信息则 TensorFlow 安装成功，安装成功界面如图 6.4 所示。

```
1  >>> tf.__version__
2  '1.8.0-dev20180426'
```

图 6.4　TensorFlow1.8.0 安装成功显示

检测是否成功调用 GPU：

```
>>import tensorflow as tf
>>hello = tf.constant('Hello，Tensorflow')
>>sess = tf.Session()
>>print(sess.run(hello))
```

2017-09-01 13：32：08.828776：I tensorflow/core/common_runtime/gpu/gpu_device. cc：955] Found device 0 with properties：

name: GeForce GTX 1080

major: 6 minor: 1 memoryClockRate (GHz) 1.835

pciBusID 0000: 01: 00.0

Total memory: 7.92GiB

Free memory: 7.62GiB

2017-09-01 13：32：08.828808：I tensorflow/core/common_runtime/gpu/gpu_device. cc：976] DMA: 0

2017-09-01 13：32：08.828813：I tensorflow/core/common_runtime/gpu/gpu_device. cc：986] 0：Y

2017-09-01 13：32：08.828823：I tensorflow/core/common_runtime/gpu/gpu_device. cc：1045] Creating TensorFlow device (/gpu: 0) -> (device: 0, name: GeForce GTX 1080, pci bus id: 0000: 01: 00.0)即调用成功。

Hello，Tensorflow

安装成功。

6.2.5 安装 PyCharm+配置 Python3.5+安装 OpenCV3.2

1. 安装 PyCharm

在官网下载 PyCharm。

链接：https://www.jetbrains.com/pycharm/download/#section=windows。

推荐下载最新的 Community 版：pycharm-community-2018.1。

解压所下载文件，进入所解压文件夹 pycharm-community-2018.1/bin 目录下，输入"sh ./pycharm.sh"开始安装，进行相应的配置(直接选下一步即可)，完毕。

安装完成后没有相应的启动图标，每次都要找到 pycharm.sh 所在的文件夹，执行./pycharm.sh，非常麻烦，最好能创建一个快捷方式。

Ubuntu 的快捷方式都放在/usr/share/applications，打开终端，键入：sudo-isudo gedit /usr/share/applications/Pycharm.desktop，然后在打开的文档中输入以下内容，注意 Exec 和 Icon 需找到正确的完整路径，即分别对应 pycharm.sh 和 pycharm.png 的路径。

```
[Desktop Entry]
Type=Application
Name=Pycharm
GenericName=Pycharm3
Comment=Pycharm3: The Python IDE
Exec="/XXX/pycharm-community-2018.1/bin/pycharm.sh" %f
Icon=/XXX/pycharm-community-2018.1/bin/pycharm.png
Terminal=pycharm
Categories=Pycharm;
```

然后再到/usr/share/applications 中，此时会出现相应的启动图标，进入后锁定到启动器即可。

2. 配置 Python3.5

Python 3.5 配置界面如图 6.5 所示。

```
file→settings→Project→Project Interpreter
```

点击右上角小齿轮→add→system Interpreter，选择 Python3.5，点击 OK，配置后的界面如图 6.6 所示。

3. 安装 OpenCV3.2

直接安装 Python-OpenCV，命令窗口输入：

```
sudo pip install opencv-python
```

Ubuntu 环境变量设置如下：

```
sudo gedit ~/.bashrc
export PATH=$PATH: /usr/local/cuda-9.0/bin
```

```
export LD_LIBRARY_PATH=/usr/local/cuda-9.0/lib64: /usr/local/
cuda-9.0/extras/CUPTI/lib64${LD_LIBRARY_PATH: +: ${LD_LIBRARY_PATH}}
```

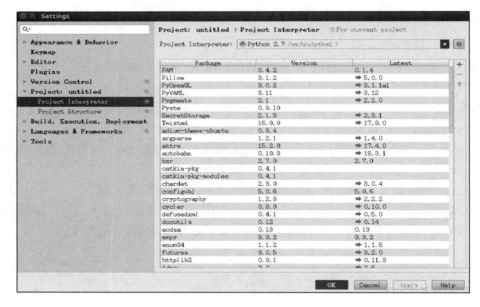

图 6.5   Python3.5 配置界面

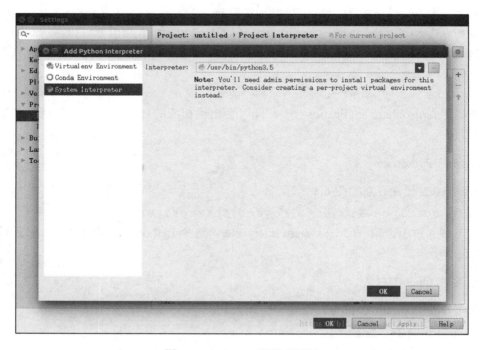

图 6.6   Python3.5 配置后界面

```
sudo gedit ~/.profile
export PATH=$PATH: /usr/local/sbin: /usr/local/bin: /sbin: /bin:
/usr/sbin: /usr/bin
PATH="$HOME/bin: $HOME/.local/bin: $PATH"
sudo gedit /etc/profile
export PATH=/usr/local/cuda-9.0/bin
export LD_LIBRARY_PATH=/usr/local/cuda-9.0/lib64: /usr/local/
cuda-9.0/extras/CUPTI/ lib64${LD_LIBRARY_PATH: +: ${LD_LIBRARY_PATH}}
```

至此，深度学习环境搭建已经成功。

第七章 综合应用与分析

7.1 近红外活体人脸检测系统

本系统主要是基于主动红外视频的活体人脸识别方法而设计的,具体算法可参考本书 3.2 节。

7.1.1 系统平台搭建

Windows10+Visual Studio2013(以下简称 vs2013)+OpenCV2.4.13 环境配置步骤(以活动解决方案平台为 x64 为例)。

Step1:首先,配置系统环境变量。

右键点击电脑→属性,点击高级系统环境变量,点击环境变量,首先在用户变量中,编辑 Path,添加 OpenCV bin 路径..\opencv\build\x64\vc12\bin。然后在系统变量中,同样编辑 Path,添加 OpenCV bin 路径..\opencv\build\x64\vc12\bin(注:如果为 x86,则将 x64 改为 x86)。

Step2:在 vs 2013 中一次性配置 OpenCV(注:该配置只对该工程有效,当新建另一个工程时,需重新配置,若要永久配置,参见 Step3)。

(1)打开工程;

(2)点击菜单栏中的视图,选中属性页;

(3)点击 VC++ 目录,编辑包含目录和库目录。OpenCV2.4.13 中包含目录路径:..\opencv\build\include、..\opencv\build\include\opencv、..\opencv\build\include\opencv2。库目录路径为:..\opencv\build\x64\vc12\lib(注:如果活动解决方案平台为 x86,则将 x64 改为 x86);

(4)点击链接器→输入→附加依赖项,输入:

```
opencv_ml2413d.lib
opencv_calib3d2413d.lib
opencv_contrib2413d.lib
opencv_core2413d.lib
opencv_features2d2413d.lib
opencv_flann2413d.lib
opencv_gpu2413d.lib
opencv_highgui2413d.lib
opencv_imgproc2413d.lib
```

```
opencv_legacy2413d.lib
opencv_objdetect2413d.lib
opencv_ts2413d.lib
opencv_video2413d.lib
opencv_nonfree2413d.lib
opencv_ocl2413d.lib
opencv_photo2413d.lib
opencv_stitching2413d.lib
opencv_superres2413d.lib
opencv_videostab2413d.lib
```

(5)关闭 vs2013，然后重新打开。

Step3：在 vs 2013 中永久配置 OpenCV。

(1)打开工程；

(2)点击菜单栏中的视图，选中其他窗口→属性管理器；

(3)如果是 DEBUG 模式，则左键点击 DEBUG|x64，如果是 Release 模式，则左键点击 Release|x64(此处以 DEBUG|x64 为例，Release 同上)，右键点击 Microsoft.Cpp.x64.user →属性；

(4)剩下步骤参见 Step2 中的(3)～(5)。

7.1.2　系统运行过程

(1)打开活体人脸检测项目，并插上红外摄像头；

(2)配置 OpenCV；

(3)点击运行(可能会遇到的错误→错误 14 error C4996：'fopen'：This function or variable may be unsafe. Consider using fopen_s instead. To disable deprecation，use _CRT_SECURE_NO_WARNINGS. See online help for details。点击视图→属性页→C/C++→预处理器→预处理器定义，添加_CRT_SECURE_NO_WARNINGS 后，再次点击运行即可)。

7.1.3　系统测试结果

该系统的重点是能够实时准确地辨别出活体人脸图像和照片，近红外活体人脸检测效果图如图 7.1 所示。

7.2　人体疲劳状态监测系统

本节中人体疲劳状态监测系统是基于人体疲劳状态监测方法而设计的，具体算法可参考本书中的 2.1 节和 2.2 节。

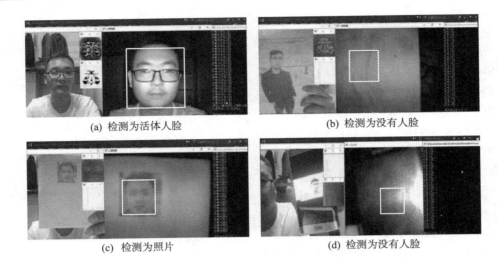

(a) 检测为活体人脸   (b) 检测为没有人脸

(c) 检测为照片   (d) 检测为没有人脸

图 7.1   近红外活体人脸检测效果图

7.2.1   系统平台搭建

该系统所用的平台是 Windows10+Visual Studio2012（以下简称 vs2012）+OpenCV 2.4.13，环境配置中该系统的活动解决方案平台为 Release|x64，其余的环境配置参考 7.1.1 节。

7.2.2   系统运行过程

（1）打开人体疲劳状态监测项目，并插上摄像头（可能会遇到的错误：用 vs2012 双击打开 ConditionDetectionMFC 文件里的 Fatigue_discrimination.sln 文件，若已安装的 vs 版本不是 2012，则可能出现如图 7.2 中所示的错误，利用当前安装的 vs 新建一个工程，并将 ConditionDetectionMFC 里的文件拷贝到该工程目录下，再次尝试打开）。

图 7.2   项目无法加载显示图

（2）配置 OpenCV。

（3）点击"本地 Windows 调试器"运行。

7.2.3   系统测试结果

本系统主界面如图 7.3 所示。

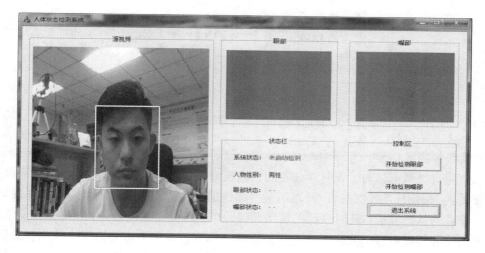

图 7.3　人体疲劳状态监测系统主界面

人体疲劳状态监测效果图如图 7.4 所示。

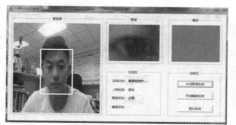

(a)　正常状态眼部检测效果图

(b)　正常状态嘴部检测效果图

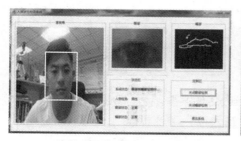

(c)　正常状态眼部和嘴部检测效果图

(d)　疲劳状态眼部和嘴部检测效果图

图 7.4　人体疲劳状态监测效果图

7.3　智能情绪监控辅助驾驶系统

智能情绪监控辅助驾驶系统是基于实时人脸表情识别设计的，具体算法可以参考本书 5.2 节。一个完整的智能情绪监控辅助驾驶系统包括：视频信息采集、人脸检测与识别、表情特征提取、表情识别以及驾驶状态评估。图 7.5 是智能情绪监控辅助驾驶系统总体流程。

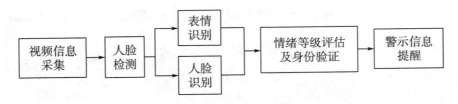

图 7.5　智能情绪监控辅助驾驶系统总体流程图

在情绪等级评估这一部分中，该系统将情绪等级划分为高、中和低三个等级：当驾驶者的表情为自然和高兴时，表明驾驶者的状态较好，此时系统的情绪等级为高，系统会提示驾驶员状态不错，继续保持，开车也是件愉快的事；当驾驶者的表情为惊讶和厌恶时，表明驾驶者的状态一般，此时系统的情绪等级为中，可能会出现意外状况，系统会给出适当警示，提醒驾驶者行车安全，注意把控车辆；当驾驶者的表情为愤怒、悲伤和恐惧时，表明驾驶者的状态较差，较大可能出现不理智的行为，系统需要强化对驾驶者的警示，此时系统的情绪等级为低，提醒驾驶者及时平复心情，专心驾驶。

7.3.1　系统平台搭建

1. 依赖项

- Ubuntu 16.04
- Tensorflow 1.8.0
- Keras 2.1.6
- Pycharm 2018
- Python 3.6
- PyQt5
- Numpy 1.14.5
- Pandas 0.24.2
- Sklearn 0.21.0

注意：Keras 一定要安装 v2.2 以下版本，v2.2 的某些函数与 v2.1 有差异，且个别函数在 v2.2 中已不存在。详细平台搭建方法参考第六章。

2. 数据集

1）Fer2013 数据集

属性：大小为 48×48。标签：0=愤怒，1=厌恶，2=恐惧，3=高兴，4=悲伤，5=惊讶，6=自然。训练集包含 28709 个示例。公共测试集包含 3589 个示例。私人测试集包含另外 3589 个示例。具体介绍可参考 5.2.4 节。

数据集路径："fer2013/fer2013.csv"，如果不存在，则可从下面的链接下载。https://www.kaggle.com/c/challenges-in-representation-learning-facial-expression-recognition-challenge/data。

2）CK+数据集

（1）CK +面部表情数据集具体介绍可参考 5.2.4 节。

（2）数据集路径："other_dataset"。

3）已训练的模型

（1）[frozen_inference_graph_face.pb]：调用该模型用于人脸检测，路径为 "MSKCF_model/frozen_inference_graph_face.pb"。

（2）[MUL_KSIZE_MobileNet_v2_best.hdf5]：调用该模型用于人脸表情识别，路径为 "models/best_model/MUL_KSIZE_MobileNet_v2_best.hdf5"。

7.3.2　系统运行过程

1. 调用.py 文件直接运行

使用前请确保摄像头打开，调用模型的路径正确。

1）快速人脸表情识别（人脸检测使用 MobileNet-SSD+KCF）

运行 MS_FER_inference.py。

2）普通人脸表情识别（人脸检测使用 OpenCV 的 Haar-Cascade）

运行 real_time_video（old）.py。

3）情绪监控系统

运行 ysdui.py，打开界面，点击开始，即可进行情绪监控。

4）训练表情识别模型

运行 train_emotion_classifier.py。

2. 调用已有模型，再训练其他的数据

（1）将需要再次训练的数据集放入"other_dataset"文件夹下（已放入 CK+数据集）。

（2）运行 train_again_emotion.py。

注意：再训练的数据放入的格式应与现有 CK+格式一致。另外，CK+数据集仅采用 6 类表情，而原有模型为 7 类，因此有重建网络的操作。如果类别相同，可去掉该操作。

3. 画出混淆矩阵

运行 plot_confusion_mat.py，注意其中的模型加载路径和标签类别数。

7.3.3　系统测试结果

1. 人脸检测

本节的视频信息采集是利用笔记本电脑自带的摄像头进行拍摄，人脸检测在 WIDER FACE 的测试集上进行测试的结果及分析评价可参考 5.2.4 节。

2. 人脸表情识别

人脸表情识别在 FER-2013 和 CK+两个数据库上进行训练和测试的实验结果及相关评价可参考 5.2.4 节。人脸表情识别的输出效果图如图 7.6 所示。

图 7.6　人脸表情识别的输出效果图

3. 驾驶状态的评估

本系统是基于 Python3.6 设计的，智能情绪监控辅助驾驶系统界面如图 7.7 所示。

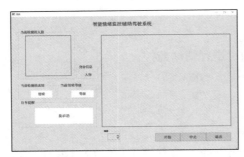
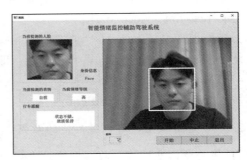

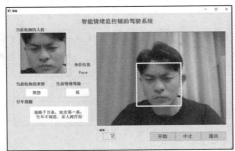
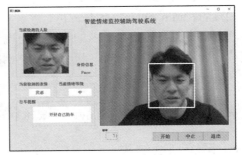

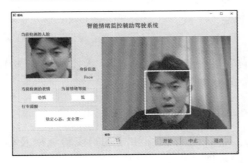
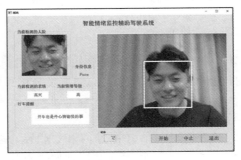

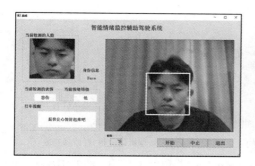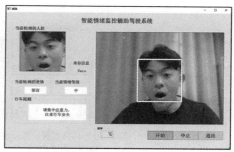

图 7.7　智能情绪监控辅助驾驶系统界面显示图

参 考 文 献

毕雪芹, 惠婷, 2015. 基于肤色分割与 AdaBoost 算法的人脸检测[J]. 国外电子测量技术, (12): 82-86.

陈仁爱, 凌强, 徐骏, 等, 2016. 基于 DSP 的实时圆检测算法的设计实现与优化[J]. 微型机与应用, (11): 93-96.

段玉波, 任璐, 任伟建, 等, 2014. 基于肤色分割和改进 AdaBoost 算法的人脸检测[J]. 电子设计工程, 22(12): 167-170.

高建坡, 王煜坚, 杨浩, 等, 2007. 一种基于 KL 变换的椭圆模型肤色检测方法[J]. 电子与信息学报, 29(7): 1739-1743.

管宏蕊, 丁辉, 2009. 图像边缘检测经典算法研究综述[J]. 首都师范大学学报: 自然科学版, (S1): 66-69.

黄如锦, 李谊, 李文辉, 2010. 基于多特征的 AdaBoost 行人检测算法[J]. 吉林大学学报, 48(3): 449-455.

蒋斌, 贾克斌, 杨国胜, 2011. 人脸表情识别的研究进展[J]. 计算机科学, 38(4): 25-31.

阮锦新, 尹俊勋, 2010. 基于人脸特征和 AdaBoost 算法的多姿态人脸检测[J]. 计算机应用, 30(4): 967-970.

山世光, 2004. 人脸识别中若干关键问题的研究[D]. 北京: 中国科学院计算技术研究所.

王炼红, 张倩, 2017. 利用双倍二元模式进行手指静脉识别[J]. 小型微型计算机系统, 38(10): 2390-2393.

夏海英, 杜海明, 徐鲁辉, 等, 2014. 基于自适应词典学习和稀疏表示的人脸表情识别[J]. 山东大学学报 （工学版）, 44(1): 45-48, 56.

徐文晖, 孙正兴, 2009. 面向视频序列表情分类的 LSVM 算法[J]. 计算机辅助设计与图形学学报, 21(4): 542-548, 553.

杨文文, 毛建旭, 陈姜嘉旭, 2016. 基于分块 LBP 和分块 PCA 的指静脉识别方法[J]. 电子测量与仪器学报, 30(7): 1000-1007.

应自炉, 唐京海, 李景文, 等, 2008. 支持向量鉴别分析及在人脸表情识别中的应用[J]. 电子学报, 36(4): 725-730.

张忠林, 曹志宇, 李元韬, 2010. 基于加权欧氏距离的 k_means 算法研究[J]. 郑州大学学报: 工学版, (1): 89-92.

周书仁, 梁昔明, 朱灿, 等, 2008. 基于 ICA 与 HMM 的表情识别[J]. 中国图象图形学报, 13(12): 2321-2328.

Aharon M, Elad M, Bruckstein A, 2006. K-SVD: An algorithm for designing overcomplete dictionaries for sparse representation[J]. IEEE Transactions on Signal Processing, Beijing, China, 54(11): 4311-4322.

Al-Shabi M, Cheah W P, Connie T, 2017. Facial expression recognition using a hybrid CNN-SIFT aggregator[OL]. [2017-08-12]. https://arxiv.org/obs/1608.02833.

Athalye A, Engstrom L, Ilyas A, et al., 2018. Synthesizing robust adversarial examples[C]. Inter Natconal Conferovceon Maching Learning, RMLR: 284-293.

Bay H, Tuytelaars T, Van Gool L, 2006. SURF: Speeded up robust features[C]. European Conference on Computer Vision: 404-417.

Bay H, Ess A, Tuytelaars T, et al., 2008. Speeded-up robust features （SURF）[J]. Computer Vision & Image Understanding, 110(3): 346-359.

Berclaz J, Fleuret F, Türetken E, et al., 2011. Multiple object tracking using K-Shortest paths optimization[J]. IEEE Transactions on Pattern Analysis & Machine Intelligence, 33(9): 1806-1819.

Calonder M, Lepetit V, Strecha C, et al., 2010. BRIEF: Binary robust independent elementary features[C]. 11th European Conference on Computer Vision（ECCV）: 778-792.

Chen D, Cao X D, Wang L W, et al., 2012. Bayesian face revisited: A joint formulation[J]. 12th European Conference on Computer Vision（ECCV）, 566-579.

Chen S, Wang H, 2015. SAR target recognition based on deep learning[C]. International Conference on Data Science and Advanced Analytics, IEEE: 541-547.

Clevert, Djork-Arné, Unterthiner T, et al., 2016. Fast and accurate deep network learning by Exponential Linear Units (ELUs)[OL]. [2016-02-22]. https://arxiv.org/abs/1511.07289.

Cortes C, Vapnik V, 1995. Support-vector networks[C]. Machine Learning: 273-297.

Cotter S F, 2010. Sparse representation for accurate classification of corrupted and occluded facial expressions[C]. Acoustics Speech and Signal Processing (ICASSP), 2010 IEEE International Conference on, IEEE: 838-841.

Cotter S F, 2011. Recognition of occluded facial expressions using a fusion of localized sparse representation classifiers[C]. Digital Signal Processing Workshop and IEEE Signal Processing Education Workshop (DSP/SPE), IEEE: 437-442.

Dahl G E, Yu D, Deng L, et al., 2012. Context-dependent pre-trained deep neural networks for large-vocabulary speech recognition[J]. IEEE Transactions on Audio Speech & Language Processing, 20(1): 30-42.

Dai J, Li Y, He K, et al., 2016. R-FCN: Object detection via region-based fully convolutional networks[C]. Conference on Neural Information Processing Systems (NIPS), Curran, 172: 1-9.

Dalal N, Triggs B, 2005. Histograms of oriented gradients for human detection[C]. IEEE Computer Society Conference on Computer Vision & Pattern Recognition, IEEE Computer Society: 886-893.

Danelljan M, Robinson A, Khan F S, et al., 2016. Beyond correlation filters: Learning continuous convolution operators for visual tracking[C]. European Conference on Computer Vision (ECCV): 472-488.

Deng J, Dong W, Socher R, et al., 2009. ImageNet: A large-scale hierarchical image database[C]. CVPR 2009: IEEE Conference on Computer Vision and Pattern Recognition, Piscataway, NJ: IEEE: 248-255.

Ding H, Zhou S K, Chellappa R, 2016. FaceNet2ExpNet: Regularizing a deep face recognition net for expression recognition[C]. AFGR 2017: 12th IEEE International Conference on Automatic Face & Gesture Recognition, Piscataway, NJ: IEEE: 118-126.

Dollar P, Tu Z W, Perona P, et al., 2009. Integral channel features[C]. In Proc. of British Machine Vision Conference (BMVC), London, England: 1-11.

Duan G Q, Huang C, Ai H Z, 2009. Boosting associated pairing comparison features for pedestrian detection[C]. 2009 IEEE 12th International Conference on Computer Vision Workshops (ICCV), Kyoto, Japan: 1097-1104.

Everingham M, 2006. The PASCAL visual object classes challenge 2007 (VOC2007) results[J]. Lecture Notes in Computer Science, 111(1): 117-176.

Everingham M, Eslami S M A, Gool L V, et al., 2015. The pascal, visual object classes challenge: A retrospective[J]. International Journal of Computer Vision, 111(1): 98-136.

Felzenszwalb P F, Girshick R B, McAllester D A, et al., 2010a. Object detection with discriminatively trained Part-based models[J]. IEEE Transactions on Pattern Analysis & Machine Intelligence, 32(9): 1627-1645.

Felzenszwalb P F, Girshick R B, McAllester D A, 2010b. Visual object detection with deformable part models[C]. Communications of the Acm, 56(9): 97-105.

Freund Y, Schapire R E, 1995. A desicion-theoretic generalization of on-line learning and an application to boosting[C]. European Conference on Computational Learning Theory: 23-37.

Freund Y, Schapire R E, 1996. Experiments with a new Boosting algorithm[C]. Proc. 13th International Conference on Machine Learning: 148-156.

Fukushima K, 1980. Neocognitron: A self-organizing neural network model for a mechanism of pattern recognition unaffected by shift in position[J]. Biological Cybernetics, 36(4): 193-202.

Gao Y L, Yang Z J, Pan J Y, et al., 2012. A dynamic AdaBoost algorithm with adaptive changes of loss function[J]. IEEE Transactions on Systems, Man, and Cybernetics-Part C: Applications and Reviews, 42(6): 1828-1841.

Girshick R, 2015. Fast R-CNN[C]. International Conference on Computer Vision(ICCV), IEEE: 1440-1448.

Girshick R, Donahue J, Darrell T, et al., 2015. Region-based convolutional networks for accurate object detection and segmentation[J]. IEEE Transactions on Pattern Analysis & Machine Intelligence, 38(1): 142-158.

Goodfellow I J, Erhan D, Carrier P L, et al., 2013. Challenges in representation learning: A report on three machine learning contests[J]. Neural Networks, 64: 59-63.

Guo Y, Tao D, Yu J, et al., 2016. Deep neural networks with relativity learning for facial expression recognition[C]. ICMEW 2016: IEEE International Conference on Multimedia & Expo Workshops, Piscataway, NJ: IEEE: 1-6.

He K, Zhang X, Ren S, et al., 2015a. Delving deep into rectifiers: Surpassing human-level performance on imagenet classification[OL]. [2015-02-06] https://arxiv. org/abs/1502. 01852.

He K, Zhang X, Ren S, et al., 2015b. Spatial pyramid pooling in deep convolutional networks for visual recognition[J]. IEEE Transactions on Pattern Analysis & Machine Intelligence, 37(9): 1904-1916.

He K, Zhang X, Ren S, et al., 2016. Deep residual learning for image recognition[J]. Proceedings of the IEEE Conference on Computer Vision and Pattern Recognition: 770-778.

He K, Gkisxari G, Dollár P, et al., 2017. Mask R-CNN[C]. Proceedings of the IEEE International Conference on Computer Vision: 2961-2969.

Heikkila M, Schmid C, Pietikainen, 2009. Description of interest regions with local binary patterns[J]. Pattern Recognition, 42 (3): 425-436.

Hinton G E, Salakhutdinov R R, 2006. Reducing the dimensionality of data with neural networks[J]. Science, 313(5786): 504-507.

Howard A G, Zhu M, Chen B, et al., 2017. MobileNets: Efficient Convolutional Neural Networks for mobile vision applications[OL]. [2017-04-17]. https://arxiv.org/abs/1704.04861.

Hsu R L, Abdel-Mottaleb M, Jain A K, 2002. Face detection in color images[J]. IEEE Transactions on Pattern Analysis and Machine Intelligence, 24(5): 696-706.

Huang G B, Lee H, Learned-MillerE, 2012. Learning hierarchical representations for face verification with convolutional deep belief networks[C]. Conperence on Computer Vision and Pattern Recognition(CVPR), IEEE.

Huang G, Liu Z, Maaten L V D, et al., 2017. Densely connected convolutional networks[C]. Computer Vision and Pattern Recognition(CVPR), IEEE: 2261-2269.

Huang J, Guadarrama S, Murphy K, et al., 2017. Speed/Accuracy trade-offs for modern convolutional object detectors[C]. Computer Vision and Pattern Recognition(CVPR), Hawaii: IEEE: 3296-3297.

Huang K, Aviyente S, 2006. Sparse representation for signal classification[C]. Neural Information Processing Systems(NIPS), British Columbia, Canada: 609-616.

Ioffe S, Szegedy C, 2015. Batch normalization: Accelerating deep network training by reducing internal covariate shift[C]. In Proceedings of the 32nd International Carference on International Conference on Machine Learning(ICML), Lile, France: 448-456.

Jain V, Learned-miller E, 2010. FDDB: A benchmark for face detection in unconstrained settings[R]. UMass Amherst Technical Report.

Jarrett K, Kavukcuoglu K, Ranzato M, et al., 2009. What is the best multi-stage architecture for object recognition[C]. ICCV 2009: IEEE 12th International Conference on Computer Vision, Piscataway: 2146-2153.

Jeon J, Park J C, Jo Y J, et al., 2016. A real-time facial expression recognizer using deep neural network[C]. International Conference on Ubiquitous Information Management and Communication. New York, NY: ACM: 1-4.

Jiang Z L, Lin Z, Davis L S, 2011. Learning a discriminative dictionary for sparse coding via label consistent K-SVD [C]. IEEE Conference on Computer Vision and Pattern Recognition（CVPR）, Colorado, USA: 1697-1704.

Jiang Z L, Zhang G, Davis L S, 2012. Submodular dictionary learning for sparse coding[C]. IEEE Conference on Computer Vision and pattern Reagnition（2012）: 3418-3425.

Kim W, Suh S, Han J J, 2015. Face liveness detection from a single image via diffusion speed model[J]. IEEE Transactions on Image Processing: A Publication of the IEEE Signal Processing Society, 24（8）: 2456-2465.

Kotsia I, Pitas I, Zafeiriou S, 2009. Novel multiclass classifiers based on the minimization of the within-class variance[J]. Neural Networks, IEEE Transactions on, 20（1）: 14-34.

Kovac J, Peer P, Solina F, 2003. Human skin color clustering for face detection[J]. The IEEE Region 8 EUROCON 2003, 2:144-148.

Krizhevsky A, Sutskever I, Hinton G E, 2012. ImageNet classification with deep convolutional neural networks[C]. International Conference on Neural Information Processing Systems, Curran Associates Inc.: 1097-1105.

Kyperountas M, Tefas A, Pitas I, 2010. Salient feature and reliable classifier selection for facial expression classification[J]. Pattern Recognition, 43（3）: 972-986.

Laptev I, Marszalek M, Schmid C, et al., 2008. Learning realistic human actions from movies[C]. CVPR, IEEE Computer Society Conference on Computer Vision and Pattern Recognition, IEEE: 1-8.

LeCun Y, Bottou L, Bengio Y, et al., 1998. Gradient-based learning applied to document recognition[C]. Proceedings of the IEEE: 2278-2324.

LeCun Y, Boser B, Denker J S, et al., 2014. Backpropagation applied to handwritten zip code recognition[J]. Neural Computation, 1（4）: 541-551.

LeCun Y, Bengio Y, Hinton G, 2015. Deep learning[J]. Nature, 521（7553）: 436-444.

Leutenegger S, Chli M, Siegwart R Y, 2011. BRISK: Binary robust invariant scalable keypoints[C]. 2011 IEEE International Conference on Computer Vision（ICCV）, IEEE: 2548-2555.

Li J, Lam E Y, 2015. Facial expression recognition using deep neural networks[C]. IST 2015: IEEE International Conference on Imaging Systems and Techniques, Washington, DC: IEEE Computer Society: 1-6.

Lienhart R, Maydt J, 2002. An extended set of Haar-like features for rapid object detection[C]. International Conference on Image Processing. Proceedings of the IEEE: 900-903.

Liew S S, Khalil-Hani M, Bakhteri R, 2016. Bounded activation functions for enhanced training stability of deep neural networks on visual pattern recognition problems[J]. Neurocomputing, （216）: 718-734.

Lin F, Lai Y, Lin L, et al., 2016. A traffic sign recognition method based on deep visual feature[C]. Progress in Electromagnetic Research Symposium, IEEE: 2247-2250.

Lin T Y, Dollár, Piotr, Girshick R, et al., 2017. Feature Pyramid Networks for object detection[C]. Computer Vision and Pattern Recognition（CVPR）, Honolulu: IEEE: 936-944.

Liu D C, Nocedal J, 1989. On the limited memory BFGS method for large scale optimization[J]. Mathematical programming, 45（1-3）: 503-528.

Liu H, Yang L, Yang G, et al., 2018. Discriminative binary descriptor for finger vein recognition[J]. IEEE Access, 6(9): 5795-5804.

Liu W, Anguelov D, Erhan D, et al., 2016. SSD: Single shot multibox detector[C]. European Conference on Computer Vision(ECCV), Springer: 21-37.

Lowe D G, 1999. Object recognition from local scale-invariant features[C]. Computer vision, The Proceedings of the Seventh IEEE International Conference, IEEE, 2: 1150-1157.

Lowe D G, 2003. Distinctive image features from scale-invariant key points[J]. International Journal of Computer Vision, 20: 91-110.

Lowe D G, 2004. Distinctive image features from scale-invariant keypoints[J]. International Journal of Computer Vision, 60(2): 91-110.

Lucey P, Cohn J F, Kanade T, et al., 2010. The extended Cohn-Kanade dataset (CK+): A complete dataset for action unit and emotion-specified expression[C]. CVPRW 2010: Computer Society Conference on Computer Vision and Pattern Recognition-Workshops, Washington D. C.: IEEE Computer Society: 94-101.

Mignon A, Jurie F, 2012. PCCA: A new approach for distance learning from sparse pairwise constraints[C]. 2012 IEEE Conference on Computer Vision and Pattern Recognition (CVPR), 16-21.

Nanni L, Lumini A, 2008. Ensemble of multiple pedestrian representations[J]. IEEE Transactions on Intelligent Transportation Systems, 9(2): 365-369.

Nemhauser G L, Wolsey L A, Fisher M L, 1978. An analysis of approximations for maximizing submodular set functions—I[J]. Mathematical Programming, 14(1): 265-294.

Nocedal J, 1980. Updating quasi-Newton matrices with limited storage[J]. Mathematics of Computation, 35(151): 773-782.

Ojala T, Pietikälnen M, Harwood D, 1996. A comparative study of texture measures with classification based on featured distributions[J]. Pattern Recognition: The Journal of the Pattern Recognition Society, 29(1): 51-59.

Ojala T, Pietikäinen M, Mäenpää T, 2002. Multiresolution gray-scale and rotation invariant texture classification with local binary patterns[J]. IEEE Transactions on Pattern Analysis & Machine Intelligence, 24(7): 971-987.

Olshausen B A, Field D J, 1996. Emergence of simple-cell receptive field properties by learning a sparse code for natural images[J]. Nature, 381(6583): 607-609.

Ortiz R, Alahi A, Vandergheynst P, 2012. FREAK: Fast retina keypoint[C]. IEEE Conference on Computer Vision and Pattern Recognition, IEEE Computer Society: 510-517.

Papageorgiou C P, Oren M, Poggio T, 1998. A general framework for object detection[C]. International Conference on Computer Vision(ICCV), IEEE: 555-562.

Redmon J, Divvala S, Girshick R, et al., 2016. You only look once: Unified, real-time object detection[C]. Computer Vision and Pattern Recognition(CVPR), Las Vegas: IEEE: 779-788.

Redmon J, Farhadi A, 2018. YOLOv3: An incremental improvement[J]. Computer Vision and Pattern Recognition, arXiv: 1804. 02767v1 [cs. CV]: 1-9.

Ren S, He K, Girshick R, et al., 2017. Faster R-CNN: Towards real-time object detection with region proposal networks[J]. IEEE Transactions on Pattern Analysis & Machine Intelligence, 39(6): 1137-1149.

Rublee E, Rabaud V, Konolige K, et al., 2011. ORB: An efficient alternative to SIFT or SURF[C]. IEEE International Conference on Computer Vision, IEEE: 2564-2571.

Rumelhart D E, Hinton G E, Williams R J, 1988. Learning internal representations by error propagation[J]. Readings in Cognitive Science, 1(2): 399-421.

Sandler M , Howard A , Zhu M , et al., 2018. Inverted residuals and linear bottlenecks: Mobile networks for classification, detection and segmentation[OL]. [2018-01-16]. https://arxiv. org/abs/1801. 04381v2.

Schapire R E, Freund Y, Bartlett P, et al., 1998. Boosting the margin: A new explanation for the effectiveness of voting methods[J]. The Annals of Statistics, 26(5): 1651-1686.

Silver D, Huang A, Maddison C J, et al., 2016. Mastering the game of go with deep neural networks and tree search[J]. Nature, 529(7587): 484.

Silver D, Schrittwieser J, Simonyan K, et al., 2017. Mastering the game of go without human knowledge[J]. Nature, 550(7676): 354.

Simonyan K, Zisserman A, 2015. Very deep convolutional networks for large-scale image recognition[C]. International Conference on Learning Representations(ICLR): 1-14.

Song X, Bao H, 2017. Facial expression recognition based on video[C]. AIPR 2017: Applied Imagery Pattern Recognition Workshop, Washington, DC: IEEE Computer Society: 1-5.

Sturm P, Ilic S, Cagniart C, et al., 2012. Gradient response maps for real-time detection of textureless objects[J]. IEEE Transactions on Pattern Analysis & Machine Intelligence, 34(5): 876-888.

Sun Y F, Zheng L , Deng W J , et al., 2017. Svdnet for pedestrian retrieval[C]. The IEEE International Conference on Computer Vision (ICCV), 3800-3808.

Sun Y, Wang X, Tang X, 2014a. Deep learning face representation from predicting 10, 000 classes[C]. IEEE Conference on Computer Vision and Pattern Recognition, IEEE Computer Society: 1891-1898.

Sun Y, Wang X, Tang X, 2014b. Deep learning face representation by joint identification-verification[J]. Advances in Neural Information Processing Systems, 27: 1988-1996.

Sun Y, Wang X, Tang X, 2015. Deeply learned face representations are sparse, selective, and robust[C]. Computer Vision and Pattern Recognition, IEEE: 2892-2900.

Szegedy C, Liu W, Jia Y, et al., 2014. Going deeper with convolutions[C]. Proceedings of the IEEE Conference on Computer Vision and Pattern Recognition: 1-9.

Szegedy C, Liu W, Jia Y, et al., 2015. Going deeper with convolutions[C]. Computer Vision and Pattern Recognition, IEEE: 1-9.

Taigman Y, Yang M, Ranzato M, et al., 2014. DeepFace: Closing the gap to human-level performance in face verification[C]. IEEE Conference on Computer Vision and Pattern Recognition. IEEE Computer Society, 2015: 1701-1708.

Tang Y, 2015. Deep learning using linear support vector machines[OL]. [2016-02-18]. https://arxiv. org/abs/1306. 0239.

Tombari F, Franchi A, Stefano L D, 2013. BOLD features to detect texture-less objects[J]. IEEE International Conference on Computer Vision: 1265-1272.

Trajković M, Hedley M, 1998. Fast corner detection[J]. Image & Vision Computing, 16(2): 75-87.

Tuzel O, Porikli F, Meer P, 2006. Region covariance: A fast descriptor for detection and classification[C]. European Conference on Computer Vision (ECCV), Graz, Austria, 2: 589-600.

Tuzel O, Porikli F, Meer P, et al., 2008. Pedestrian detection via classification on Riemannian Manifolds[J]. IEEE Transactions on Pattern Analysis and Machine Intelligence, 30(10): 1713-1727.

Vincent P, Larochelle H, Lajoie I, et al., 2010. Stacked denoising autoencoders: Learning useful representations in a deep network with a local denoising criterion. [J]. Journal of Machine Learning Research, 11(12): 3371-3408.

Viola P, Jones M J, Snow D, 2005. Detecting pedestrians using patterns of motion and appearance[J]. International Journal of Computer Vision, 63(2): 153-161.

Viola P, Jones M, 2001. Rapid object detection using a boosted cascade of simple features[C]. Proc. Cvpr., 1: 511-518.

Wojek C, Walk S, Schiele B, 2009. Multi-cue onboard pedestrian detection[C]. 2009IEEE Conference on Computer Vision and Pattern Recognition (CVPR), Miami, USA: 794-801.

Wong A, Shafiee M J, Li F, et al., 2018. Tiny SSD: A tiny single-shot detection deep convolutional neural network for real-time embedded object detection[C]. Conference on Computer and Robot Vision (CRV), IEEE: 95-101.

Wright J, Yang A Y, Ganesh A, et al., 2009. Robust face recognition via sparse representation[J]. IEEE Transactions on Pattern Analysis and Machine Intelligence, Rio de Janeiro, Brazil, 31 (2): 210-227.

Xu A, Namit G, 2008. SURF: Speeded-up robust features[J]. Computer Vision & Image Understanding, 110 (3): 404-417.

Yang J, Waibel A, 1996. A real-time face tracker[C]. Applications of Computer Vision, WACV' 96. Proceedings 3rd IEEE Workshop: 142-147.

Yang J, Lei Z, Liao S, et al., 2013. Face liveness detection with component dependent descriptor[C]. International Conference on Biometrics. IEEE: 1-6.

Yang S, Luo P, Loy C C, et al., 2015. From facial parts responses to face detection: A deep learning approach[C]. ICCV 2015: IEEE International Conference on Computer Vision, Piscataway, NJ: IEEE: 3676-3684.

Yang S, Luo P, Chen C L, et al., 2016. WIDER FACE: A face detection benchmark[C]. CVPR 2016: IEEE Conference on Computer Vision and Pattern Recognition. Las Vegas, IEEE: 5525-5533.

Yeffet L, Wolf L, 2009. Local trinary patterns for human action recognition[C]. IEEE, International Conference on Computer Vision, IEEE: 492-497.

Zhai Y, Liu J, Zeng J, et al., 2017. Deep convolutional neural network for facial expression recognition[C]. ICIG 2017: International Conference on Image and Graphics. Hong Kong, HK: Springer: 211-223.

Zhan Y Z, Cheng K Y, Chen Y B, et al., 2010. A new classifier for facial expression recognition: Fuzzy buried Markov model[J]. Journal of Computer Science and Technology, 25 (3): 641-650.

Zhang J, Shan S, Kan M, et al., 2014. Coarse-to-fine Auto-encoder Network (cfan) for Real-time Face Alignment[M]. Berlin: Spring International Publishing, 2014.

Zhang K, Zhang Z, Li Z, et al., 2016. Joint face detection and alignment using multitask cascaded convolutional networks[J]. IEEE Signal Processing Letters, 23 (10): 1499-1503.

Zhang K, Huang Y, Du Y, et al., 2017. Facial expression recognition based on deep evolutional spatial-temporal networks[J]. IEEE Transactions on Image Processing: 4193-4203.

Zhang L, Ye Z W, Wang M W, 2016. Image segmentation based on differential evolution and 2-D entropy[J]. Journal of Applied Sciences, 34 (1): 58-66.

Zhang Q, Li B, 2010. Discriminative K-SVD for dictionary learning in face recognition[C]. IEEE Conference on Computer Vision and Pattern Recognition (CVPR), San Francisco, USA: 2691-2698.

Zhang S, Wen L, Bian X, et al., 2018. Single-Shot refinement neural network for object detection[C]. Proceeding of the IEEE Conference on Computer Vision and Pattern Recognition (CVPR). Salt Lake City, IEEE: 694-699.

Zhang Y, Xi L, Zhao L, et al., 2016. Semantics-aware deep correspondence structure learning for robust person re-identification[C]. International Joint Conference on Artificial Intelligence: 3545-3551.

Zhang Z, Yan J, Liu S, et al., 2012. A face antispoofing database with diverse attacks[C]. Iapr International Conference on Biometrics. IEEE: 26-31.

Zhang Z, Qiao S, Xie C, et al., 2018. Single-shot object detection with enriched semantics[C]. Proceedings of the IEEE Conference on Computer Vision and Patten Recognition: 5813-5821.

Zhao X, Liang X, Liu L, et al., 2016. Peak-piloted deep network for facial expression recognition[C]. ECCV 2016: European Conference on Computer Vision, Berlin, GER: Springer: 425-442.

Zheng L, Yang Y, Hauptmann A G, 2016. Person re-identification: Past, present and future[OL]. [2016-10-10]. Computer Vision and Pattern Recognition, https://arxiv.org/abs/1610.02984.

Zheng Y, Shen C, Hartley R, et al., 2010. Pyramid center-symmetric local binary/trinary patterns for effective pedestrian detection[C]. The10th Asian Conference on Computer Vision（ACCV）, Queenstown, New Zealand: 281-292.

Zhu Z , Luo P , Wang X , et al., 2013. Deep learning identity-preserving face space[C]. 2013 IEEE International Conference on Computer Vision（ICCV）: 113-120.